Wilfried W. Steinert

Aktivierende Lernimpulse statt Hausaufgaben

Ein Konzept für erfolgreiches und chancengerechtes Lernen

Mathe 1. Klasse

Impressum

Aktivierende Lernimpulse statt Hausaufgaben
Ein Konzept für erfolgreiches und chancengerechtes Lernen
Mathe 1. Klasse

Autor: Wilfried W. Steinert
Lektorat: Christine Chory
Cover-Design: Elionia Alajayibo

ISBN: 978-3-9827804-6-7

Stein & Welle Verlag
contact@steinundwelle.de
www.steinundwelle.de

Druck: Libri Plureos GmbH, Friedensallee 273, 22763 Hamburg

Hinweis: Dieses Buch wurde mit größtmöglicher Sorgfalt erstellt. Dennoch können Fehler nicht ausgeschlossen werden. Für Hinweise ist der Verlag dankbar.

Vorwort

Die Frage nach Sinn und Unsinn von Hausaufgaben begleitet Schule seit Generationen. Kaum ein Thema wird so selbstverständlich vorausgesetzt – und zugleich so kontrovers diskutiert. In den vergangenen Jahren habe ich in zahlreichen Workshops, Fortbildungen und Seminaren mit Lehrkräften, Ganztagsteams, Schulleitungen und pädagogischen Mitarbeitenden intensiv darüber gesprochen, wie Lernen wirksamer, motivierender und kindgerechter gestaltet werden kann.

Dabei wurde immer wieder deutlich: Kinder brauchen keine zusätzliche Verlagerung von Lernen in die Familien, sondern gute Lernbegleitung in der Schule selbst. Die Diskussionen über Lernzeiten, individuelle Förderung, Ganztag und aktivierende Lernimpulse haben dieses Buch wesentlich geprägt. Deshalb gilt mein besonderer Dank den vielen Kolleginnen und Kollegen, die ihre Erfahrungen, Fragen, Zweifel und Ideen eingebracht haben. Ihre Rückmeldungen, Praxisbeispiele und kritischen Hinweise haben entscheidend dazu beigetragen, dieses Konzept weiterzuentwickeln und zu schärfen.

Ein ganz besonderer Dank gilt Christine Chory. Unsere intensiven fachlichen Diskussionen, ihre konstruktiven Anregungen und ihre sorgfältige Begleitung des gesamten Manuskripts waren für dieses Buch von außerordentlichem Wert. Sie hat zudem die Icons konzipiert und mithilfe Künstlicher Intelligenz (KI) gestaltet. Sie ermöglichen eine schnelle Orientierung und leisten so einen wichtigen Beitrag zur praktischen Arbeit mit den Lernimpulsen im Unterrichtsalltag. Ebenso danke ich ihr herzlich für das sorgfältige Lektorat, durch das dieses Buch seine Veröffentlichungsreife erhalten hat.

Dieses Buch versteht sich nicht als fertige Antwort auf alle Fragen schulischen Lernens. Es ist vielmehr eine Einladung, Lernen neu zu denken: stärker begleitet, motivierender, chancengerechter und näher an den Kindern.

Dieser Band ist der erste Teil der Reihe „Aktivierende Lernimpulse statt Hausaufgaben" für den Mathematikunterricht in der Grundschule und richtet sich an die erste Klasse. Weitere Ausgaben mit Lernimpulsen für die Jahrgänge 2 bis 4 werden folgen.

Für alle Hinweise, Erfahrungen und Rückmeldungen aus der Praxis bin ich sehr dankbar. Ich wünsche allen Leserinnen und Lesern viele Anregungen, Mut zum Ausprobieren – und Freude daran, Lernen gemeinsam neu zu gestalten.

Wilfried W. Steinert

Inhaltsverzeichnis

Teil A:

Theoretische Grundlagen

1 Warum Hausaufgaben überholt sind

Hausaufgaben werden seit Langem kritisch diskutiert – nicht aus Bequemlichkeit, sondern weil sich Schule, Familienleben und Lernbedingungen grundlegend verändert haben. Spätestens im Ganztag zeigt sich, dass ein System, das Lernen in den privaten Raum verlagert, nicht mehr zur heutigen Lebenswirklichkeit passt und soziale Unterschiede eher verstärkt als ausgleicht. Um zu verstehen, warum Hausaufgaben ihre pädagogische Funktion zunehmend verlieren, lohnt zunächst der Blick auf ihre historischen Wurzeln und anschließend auf die Gründe, warum sie unter heutigen Bedingungen nicht mehr zeitgemäß sind.

Ein System aus einer anderen Zeit

Hausaufgaben gehören seit Jahrzehnten selbstverständlich zum Schulalltag. Ursprünglich entstanden sie in einer Zeit, in der Schule anders organisiert war: kurze Unterrichtszeiten am Vormittag, wenig schulische Übungsphasen und die Erwartung, dass Lernen am Nachmittag im Elternhaus fortgesetzt wird. Viele Eltern, Lehrkräfte und pädagogische Fachkräfte empfinden Hausaufgaben jedoch inzwischen als Belastung oder sogar als Hindernis für gutes Lernen.

Besonders in Offenen Ganztagsschulen zeigt sich, dass dieses historisch gewachsene System nicht mehr zu den heutigen Bedürfnissen der Kinder und ihrer Familien passt. In Internetforen, Elternräten und pädagogischen Netzwerken wird deutlich: Hausaufgaben stehen auf dem Prüfstand. Immer mehr Menschen fragen sich, ob dieses Instrument aus einer anderen Zeit unter heutigen Bedingungen überhaupt noch sinnvoll ist.

Warum Hausaufgaben in der heutigen Zeit überholt sind

Ungleiche Lernvoraussetzungen

Hausaufgaben setzen voraus, dass zu Hause genug Zeit, Ruhe, Unterstützung und Materialien vorhanden sind. Doch in der Realität vieler Familien ist das nicht der Fall. Dadurch verstärken Hausaufgaben soziale Unterschiede – ein Umstand, der auch durch aktuelle Studien bestätigt wird.

Hoher Stressfaktor für Familien

Viele Eltern berichten täglich von Machtkämpfen am Nachmittag, Zeitdruck, Tränen und Frust. Hausaufgaben dominieren oft den Familienalltag und belasten das Zusammenleben, ohne dabei einen nachhaltigen Lerngewinn zu bringen.

Offene Ganztagsschulen: Ein System am Limit

In Offenen Ganztagsschulen werden Hausaufgaben häufig von pädagogischen Mitarbeiterinnen und Mitarbeitern begleitet. Hier zeigen sich täglich die Grenzen des Systems: große Gruppen, kaum individuelle Förderung, fehlende fachliche Vertiefung in allen Fächern, hoher Lautstärkepegel und der Druck, dies alles in begrenzter Zeit zu schaffen. Viele Ganztagskräfte beschreiben die Hausaufgabenbetreuung als eine der schwierigsten und zugleich pädagogisch unbefriedigendsten Aufgaben, da sie oft die Kinder zu etwas motivieren müssen, wozu diese "Null Bock" haben. Oder sie sollen die Arbeit der Schülerinnen und Schüler kontrollieren, was im Grunde Teil des eigentlichen Unterrichts ist.

Keine nachgewiesene Lernwirksamkeit

Studien und fachliche Diskussionen kommen immer wieder zu dem Schluss, dass Hausaufgaben – besonders in der Grundschule – kaum zu besseren Lernergebnissen führen. Sie fördern weder dauerhaft die Motivation noch die Selbstständigkeit der Kinder. Stattdessen lernen viele nur, Aufgaben möglichst schnell „abzuarbeiten“, ohne sie wirklich zu verstehen – "Abschreiben" ist eine der beliebtesten Formen, die Hausaufgaben zu erledigen.

Worum es eigentlich gehen sollte: Aktivierende Lernimpulse

Hausaufgaben müssen nicht einfach abgeschafft, sondern transformiert werden. Die zentrale Frage lautet: Wie können wir Lernen über den Unterricht hinaus sinnvoll anregen – ohne Druck und ohne starre Pflichtroutine? Aktivierende Lernimpulse sind die Antwort. Dabei handelt es sich um kurze, offene und inspirierende Anregungen, welche die Kinder selbst gestalten können – sei es im Alltag, in der Familie oder im Ganztag.

Was sind aktivierende Lernimpulse?

Aktivierende Lernimpulse sind Lernangebote an die Schülerinnen und Schüler: frei wählbar, offen gestaltet, kreativ und eng mit dem Alltag und der Lebenswelt der Kinder verknüpft. Beispiele dafür sind: „Finde Situationen im Alltag, bei denen Zahlen eine Rolle spielen und erzähle davon morgen einer Mitschülerin oder einem Mitschüler.“ Oder: „Fotografiere etwas, das ein geometrisches Muster zeigt.“ Solche Impulse sind kurz, flexibel und wecken Neugier – ohne den Charakter einer Pflichtaufgabe.

Warum Lernimpulse funktionieren

Aktivierende Impulse entlasten Familien, fördern die natürliche Lernfreude, stärken die Selbstständigkeit der Kinder und lassen ihnen Raum, eigene Schwerpunkte zu setzen. Sie funktionieren auf jedem Lernniveau, benötigen kaum Material und lassen sich auch im Ganztag gut umsetzen. So wird Lernen zu etwas, das im Alltag geschieht – und nicht nur am Schreibtisch.

Die Rolle der Lehrkräfte: Orientierung statt Druck

Viele Lehrkräfte geben offen zu, dass ihnen der Umstieg auf aktivierende Impulse zunächst schwerfällt. Sie sind es gewohnt, konkrete Aufgaben vorzugeben: Sätze abschreiben, Rechenübungen lösen, Arbeitsblätter bearbeiten. Doch ihre Rolle verändert sich – von der reinen Aufgabenverteilung hin zur Lernbegleitung. Dafür brauchen sie klare Werkzeuge, praktische Beispiele, kollegialen Austausch und die Sicherheit, dass sie durch diese Methode keine Lernlücken riskieren. Die gute Nachricht ist: Aktivierende Impulse fördern oft ein nachhaltigeres Lernen als routinehaftes Üben, weil sie das eigenständige Denken und Verstehen in den Vordergrund stellen. Die hier vorgestellten Lernimpulse können auch anregen, viele weitere eigene Lernimpulse zu finden und zu nutzen.

Perspektive der Eltern: Was brauchen Familien wirklich?

Eltern wünschen sich vor allem weniger Stress, weniger schulischen Druck, mehr Zeit für echte Familienmomente und zielgerichtete Unterstützung für ihre Kinder, die auch ohne spezielles Fachwissen möglich ist. Immer häufiger stellen sie die Frage: „Warum müssen Kinder nach sieben Stunden Schule überhaupt noch zusätzlich arbeiten?“ Aktivierende Lernimpulse passen deutlich besser in den Familienalltag, weil sie Lernen ohne Streit und Zwang ermöglichen. Wichtig ist dabei, dass Eltern eine klare Anleitung erhalten, wie sie mit solchen Impulsen umgehen und diese auch selbst im Alltag aufgreifen können.

Um den Eltern die Sorge zu nehmen, dass ihre Kinder weniger lernen, wenn sie keine Hausaufgaben, sondern Lernimpulse bekommen, sind alle Impulse mit einer kurzen Information versehen, was die Schülerinnen und Schüler durch diesen Impuls lernen können.

Perspektive der Ganztagsmitarbeiter*innen

Die pädagogischen Fachkräfte im Ganztag wünschen sich Aufgaben, die sie wirklich begleiten und unterstützen können – und weniger reine Kontrollfunktionen. Sie möchten mehr Raum für echte Lernzeit, klarere Aufträge von den Schulen und mehr Freiräume für Projekte, Spiele und Gespräche. Viele sagen deutlich: „Wir können und wollen Beziehungen gestalten – aber nicht stundenlang Arbeitsblätter korrigieren.“

Mit aktivierenden Impulsen wird der Ganztag zu einem Ort des lebendigen Lernens – und nicht zu einem verlängerten Unterricht, oft als Nachsitzen empfunden.

Eine Vision: Schule ohne Hausaufgaben – und dennoch mit starkem Lernen

Eine moderne Schule kommt ohne klassische Hausaufgaben aus. Stattdessen entwickelt sich ein neues Lernmodell, in dem Lernen vor allem im Unterricht stattfindet – in Phasen, die Raum für Üben, Wiederholen, Vertiefen und individuelles Arbeiten lassen. Die Lernzeit wird dorthin verlagert, wo fachliche Unterstützung verfügbar ist.

Aktivierende Impulse schaffen dabei eine Brücke zwischen Schule und Lebenswelt. Kinder erleben, wie Lernen im Alltag stattfindet: durch Beobachten, durch Neugier, durch Gespräche und kleine Experimente. Sie spüren, dass Lernen zum Leben dazugehört. Viele der Impulse lassen sich auch direkt im Unterricht einsetzen und bringen dort neue Lebendigkeit.

Besonders in Lernbändern am Vormittag bieten die kurzen Lernimpulse gute Möglichkeiten, Kinder gezielt zu fördern – sowohl individuell als auch in Lerngruppen. So können fachliche und überfachliche Kompetenzen bewusst aufgebaut und gestärkt werden.

Ohne den Druck klassischer Hausaufgaben gewinnt der Ganztag Raum für das, was wirklich zählt: Projekte, Kreativität, Naturerfahrungen, Bewegung, Musik, Spiel, soziales Lernen und ein gutes Miteinander. In diesem Umfeld können Kinder Kompetenzen entwickeln, die über reines Faktenwissen hinausgehen: Problemlösefähigkeit, Selbstständigkeit, Ausdauer, kreatives Denken, Kommunikationsstärke und die Fähigkeit zur Reflexion.

Ein System im Wandel

Hausaufgaben sind ein Relikt aus einer Zeit, in der Kinder mittags nach Hause kamen und Familienstrukturen anders aussahen. Heute leben wir in einer veränderten Welt – und die Schule muss darauf reagieren. Die Diskussionen in Bildungsforen, die Erfahrungen der Ganztagskräfte und die Rückmeldungen der Eltern zeigen übereinstimmend: Hausaufgaben passen nicht mehr zur Realität moderner Familien.

Die Zukunft gehört den aktivierenden Lernimpulsen, die Freude, Neugier und echtes Interesse am Lernen wecken. So entsteht eine Schule, in der Lernen nicht kontrolliert, sondern ermöglicht wird – eine Schule, in der Kinder forschend und mit echter Lernkraft wachsen können.

Quellenhinweise (für Interessierte)

1. Grundlagenwerke und Meta-Studien

Es gibt eine Untersuchung zur Hausaufgabenpraxis im Mathematikunterricht, an der Frank Lipowsky, Katrin Rakoczy und Eckhard Klieme beteiligt sind – im Sammelband zur Unterrichtsqualitätsforschung. Darin wird empirisch untersucht, wie unterschiedliche Hausaufgaben-Variablen mit Unterrichtsqualität und Leistung zusammenhängen:

Lipowsky, Frank; Rakoczy, Katrin; Klieme, Eckhard; Reusser, Kurt; Pauli, Christine (2004): *Hausaufgabenpraxis im Mathematikunterricht – ein Thema für die Unterrichtsqualitätsforschung?* In: Doll, Jörg; Prenzel, Manfred (Hrsg.): *Bildungsqualität von Schule. Lehrerprofessionalisierung, Unterrichtsentwicklung und Schülerförderung als Strategien der Qualitätsentwicklung.* Waxmann, Münster, S. 250–266.

Die häufig zitierte Meta-Analyse von John Hattie zeigt, dass Hausaufgaben insgesamt nur eine geringe durchschnittliche Effektstärke aufweisen. Entscheidend ist jedoch die Differenzierung: Für die Grundschule lassen sich kaum positive Effekte nachweisen, während in der Sekundarstufe unter bestimmten Bedingungen größere Effekte auftreten. In der deutschsprachigen Debatte wird diese Differenzierung häufig verkürzt rezipiert. Zudem erfasst Hatties Ansatz keine sozialen Folgewirkungen von Hausaufgaben, etwa familiäre Belastungen oder die Verstärkung sozialer Ungleichheit:

Hattie, John (2014): *Lernen sichtbar machen für Lehrpersonen.* Überarbeitete deutschsprachige Ausgabe von „Visible Learning for Teachers", übersetzt und bearbeitet von Wolfgang Beywl und Klaus Zierer. Schneider Verlag Hohengehren, Baltmannsweiler.

Der US-amerikanische Bildungsforscher Harris Cooper kommt in seinem Werk über die Problematik von Hausaufgaben zu einem differenzierten und klaren Befund: Für Kinder im Grundschulalter lassen sich keine signifikanten positiven Effekte von Hausaufgaben auf den Lernerfolg nachweisen. Stattdessen zeigen Studien, dass Hausaufgaben in dieser Altersgruppe häufig mit Motivationsverlust, Stress und Belastungen familiärer Beziehungen einhergehen. Cooper warnt insbesondere davor, dass Hausaufgaben soziale Ungleichheiten verstärken, da ihre Wirksamkeit stark von der Unterstützung im Elternhaus abhängt.

Erst ab der Sekundarstufe können Hausaufgaben – maßvoll eingesetzt – lernwirksam sein. Diese Einschätzung wird auch in der deutschsprachigen pädagogischen Diskussion zunehmend geteilt, insbesondere im Kontext von Ganztagsschule, individueller Förderung und selbstreguliertem Lernen:

Cooper, Harris (2015): *The Battle Over Homework: Common Ground for Administrators, Teachers, and Parents.* Simon & Schuster, New York.

2. Kritische und systemische Betrachtungen

Der Grundschulpädagoge Hans Brügelmann fasst die reformpädagogische und kinderrechtliche Argumentation prägnant zusammen:

Brügelmann, Hans (2007): *Hausaufgaben: pädagogisch ambivalent, rechtlich fragwürdig.* In: Grundschule aktuell, Heft 100, S. 3 - 7.

Der renommierte Erziehungswissenschaftler Jürgen Oelkers hat sich kritisch zur pädagogischen Rationalität von Hausaufgaben geäußert:

Oelkers, Jürgen (2019): *Hausaufgaben im Test des Ganztags – ein unvermeidliches Übel.* In: Maschke, Sabine; Schulz-Gade, Gunhild; Stecher, Ludwig (Hrsg.): *Hausaufgaben und Lernzeiten pädagogisch sinnvoll gestalten. Aktuelle Entwicklungen und Diskussionslinien.* Jahrbuch Ganztagsschule 2019/20. Wochenschau Verlag, Frankfurt/M., S. 9 – 15.

Oelkers, Jürgen (2019): *Wozu braucht es Hausaufgaben und was wären die Alternativen?* Vortrag in der Primarschule Lungern, Lungern. Online verfügbar unter: https://ife.uzh.ch/dam/jcr:7f91e1d8-8891-48ea-bf39-37b34c4e77c3/Lungern.pdf (Zugriff am 01.02.2026).

Für Andreas Helmke sind Hausaufgaben nur dann sinnvoll, wenn sie in den Unterricht eingebettet sind, dort vor- und nachbereitet werden und den Lernenden Rückmeldung ermöglichen:

Helmke, Andreas (2015): *Unterrichtsqualität und Lehrerprofessionalität. Diagnose, Evaluation und Verbesserung des Unterrichts.* Klett-Kallmeyer, Seelze-Velber.

Lars Strotmann und Franziska Breuninger kommen in ihren Arbeiten zu dem Ergebnis, dass es insbesondere für die Grundschule kaum belastbare empirische Nachweise für positive Leistungseffekte von Hausaufgaben gibt. Stattdessen zeigen ihre Befunde, dass Hausaufgaben häufig mit zusätzlicher Belastung für Kinder und Familien einhergehen und soziale Ungleichheiten eher verstärken als abbauen. Vor diesem Hintergrund sprechen sie sich klar für eine deutliche Zurückhaltung gegenüber Hausaufgaben in der Grundschule aus und plädieren – je nach Kontext – sogar für deren Abschaffung. Pädagogisch sinnvoller erscheint aus ihrer Sicht eine stärkere Verankerung von Übungs- und Vertiefungsphasen im Unterricht selbst sowie der Einsatz bedeutsamer, aktivierender Lernimpulse, die professionell begleitet werden und allen Kindern gleichermaßen zugutekommen:

Strotmann, Lars; Breuninger, Franziska (2021): *Sind Hausaufgaben sinnvoll?* Pädagogik, 73(9), S. 48–49.

Karin Bräu, Laura Fuhrmann und Pia Rother richten den Blick insbesondere auf die verborgenen Seiten der Hausaufgabenpraxis. Sie zeigen auf, dass Hausaufgaben häufig informelle und wenig transparente Praktiken hervorbringen, etwa Abschreiben oder eine starke Einbindung der Eltern, die offiziell kaum thematisiert wird. Diese Effekte sind besonders in der Grundschule ausgeprägt und gehen mit einer hohen emotionalen Bedeutung von Hausaufgaben für Kinder und Eltern einher – von Leistungsdruck bis hin zu familiären Konflikten. Aus ihren Analysen leiten Bräu und Fuhrmann die Notwendigkeit ab, weniger auf Kontrolle und mehr auf Transparenz zu setzen, Elternbeteiligung sensibel und realistisch zu reflektieren und schulische Lerngelegenheiten zu stärken, anstatt Lernprozesse systematisch in den außerschulischen Raum auszulagern:

Bräu, Karin; Fuhrmann, Laura; Rother, Pia (2023): *Die verborgenen Seiten von Hausaufgaben - Eine Einführung.* In: Bräu, Karin; Fuhrmann, Laura; Rother, Pia (Hrsg.): *Die verborgenen Seiten von Hausaufgaben.* Beltz Juventa, Weinheim/Basel, S. 7–16.

Abschließend noch eine Arbeit, die sich besonders mit der Hilfestellung bei Hausaufgaben befasst: Markus N. Sauerwein und Pia Rother untersuchen die Rolle von Hilfestellungen in der Hausaufgabenbetreuung und in schulischen Lernzeiten. Ihre Befunde zeigen, dass insbesondere Grundschulkinder beim Üben und Vertiefen häufig auf strukturierte Unterstützung angewiesen sind. Entscheidend für den Lernerfolg ist dabei weniger der Umfang der Aufgaben als vielmehr die Qualität der Begleitung. Lernzeiten im Ganztag entfalten nach ihren Ergebnissen stabilisierende Effekte, wenn sie verlässlich organisiert und pädagogisch gerahmt sind. Daraus leiten Sauerwein und Rother ab, dass Lernzeiten nicht als bloße Betreuungsformate verstanden werden dürfen, sondern einer professionellen Begleitung bedürfen. Im Mittelpunkt stehen dabei Ermutigung, klare Struktur und die Sicherung von Verständnis. Zugleich betonen sie die Notwendigkeit einer gezielten Professionalisierung des eingesetzten Betreuungspersonals:

Sauerwein, Markus N.; Rother, Pia (2022): *Hilfestellung in der Hausaufgabenbetreuung und den Lernzeiten aus der Perspektive von Schülerinnen.* Zeitschrift für Erziehungswissenschaft, 25(5), S. 975–998.

2 Lernimpulse statt Hausaufgaben

Warum Lernimpulse statt Hausaufgaben?

Hausaufgaben – insbesondere im Mathematikunterricht der Grundschule – stehen seit Jahren in der Kritik. Forschungsergebnisse und schulische Praxis zeigen übereinstimmend: Hausaufgaben verstärken soziale Ungleichheiten, da ihr Lernertrag stark von häuslicher Unterstützung abhängt. Sie führen häufig zu mechanischem Üben, ohne tragfähiges mathematisches Verstehen zu sichern. Sie erzeugen Belastungen und Konflikte in Familien, ohne verlässlich zu einem höheren Lernerfolg zu führen. Sie verlagern Lernen aus dem pädagogisch begleiteten Raum des Unterrichts heraus.

Gerade in den ersten Schuljahren trägt jedoch die Schule – und damit die Lehrkraft – die zentrale Verantwortung für den Aufbau mathematischer Grundvorstellungen.

Es geht nicht um das fehlerfreie Abarbeiten von Aufgaben, sondern um:

- das Entwickeln tragfähiger Zahl- und Größenvorstellungen,
- das Formulieren, Begründen und Darstellen mathematischer Zusammenhänge
- sowie um Neugier, Zutrauen und Freude am Entdecken.

Dieses Handbuch setzt deshalb bewusst auf einen anderen Weg: Lernimpulse statt Hausaufgaben.

Lernimpulse – ein pädagogisch verantworteter Ansatz

Lernimpulse sind offene, klar fokussierte Lernanlässe, die von Lehrkräften bewusst ausgewählt, eingeführt und begleitet werden. Aktivierende Lernimpulse

- fordern zum Denken heraus,
- regen Gespräche über mathematische Ideen an,
- laden zum Ausprobieren, Erklären und Begründen ein,
- knüpfen an vorhandenes Wissen an
- und ermöglichen unterschiedliche Zugänge für unterschiedliche Kinder.

Lernimpulse sind kein Mehr an Arbeit, sondern eine andere Art des Lernens. Sie ersetzen klassische Hausaufgaben und verlagern den Schwerpunkt weg vom bloßen Üben hin zu sinnvollem, verstehendem Lernen. Damit Lernimpulse ihre Wirkung entfalten, brauchen sie eine klare professionelle Einbettung: im Unterricht, im Austausch mit den Eltern und in der guten Zusammenarbeit im Ganztag.

Kompetenzorientierung als Fundament

Dieses Handbuch orientiert sich konsequent an den Kompetenzbereichen des Mathematikunterrichts in der Grundschule, wie sie in den Bildungsstandards der Kultusministerkonferenz (KMK) beschrieben sind. Dabei wird unterschieden zwischen

- prozessbezogenen Kompetenzbereichen (Wie lernen Kinder Mathematik?)

und

- inhaltsbezogenen Kompetenzbereichen/Leitideen (Woran lernen Kinder Mathematik?).

Die Lernimpulse sind so gestaltet, dass sie gezielt und nachvollziehbar an diesen Kompetenzbereichen ansetzen. Ziel ist es, Schülerinnen und Schüler systematisch mit mathematischen Denk-, Arbeits- und Ausdrucksweisen vertraut zu machen – nicht beiläufig, sondern pädagogisch geplant. Im nächsten Kapitel wird ein klar strukturiertes und systematisch gestuftes Kompetenzraster vorgestellt. Es zeigt für jede Kompetenz, was unter Grundniveau, fortgeschrittenem Niveau und kompetentem Niveau zu verstehen ist. Hier zunächst eine kurz gefasste Übersicht.

Die dazu entwickelten Lernimpulse sind bewusst auf nur zwei Ebenen angelegt: Aktivierung und Erweiterung. Die Aktivierung eröffnet den Zugang zur Aufgabe. Sie bringt die Kinder in eine Handlungssituation, in der sie entdecken, ausprobieren, darstellen und erste mathematische Zusammenhänge erkennen können.

Die Erweiterung greift diese Aktivierung auf und führt sie weiter. Sie lädt dazu ein, Strategien zu vergleichen, Muster zu erkennen, Ergebnisse zu begründen oder neue Fragestellungen zu entwickeln. Dabei ist die Erweiterung bewusst nach oben hin offen angelegt. Kinder können auf sehr unterschiedlichen Niveaus weiterdenken, ohne dass die Aufgaben durch weitere festgelegte Stufen eingeengt werden.

Weitere vorgegebene Impulsstufen würden das Üben zu stark formalisieren und könnten den offenen Denkraum der Aufgaben unnötig begrenzen. Ziel der aktivierenden Lernimpulse ist gerade, mathematisches Denken anzuregen und unterschiedliche Lösungswege zu ermöglichen.

Unterschiedliche Niveaustufen für die diagnostische Orientierung

Gleichzeitig ist es wichtig, dass Lehrkräfte das Kompetenzniveau ihrer Schülerinnen und Schüler aufmerksam wahrnehmen und einschätzen können. Das im folgenden Kapitel dargestellte Kompetenzraster unterstützt dabei. Es hilft, die Beobachtungen aus der Arbeit mit Lernimpulsen einzuordnen und zu erkennen, ob sich ein Kind noch im Grundniveau bewegt, bereits auf fortgeschrittenem Niveau arbeitet oder eine Kompetenz sicher und flexibel beherrscht.

Auf diese Weise verbinden sich offene Lernimpulse mit einer klaren diagnostischen Orientierung für die Lehrkraft. Die Aufgaben bleiben für die Kinder lebendig und herausfordernd, während das Kompetenzraster eine strukturierte pädagogische Einordnung ermöglicht.

Prozessbezogene Kompetenzbereiche (Wie Kinder mathematisch denken und arbeiten)

Alle Lernimpulse dieses Handbuchs greifen – in unterschiedlicher Gewichtung – sechs prozessbezogene Kompetenzbereiche auf (siehe dazu die Auflistungen in Kapitel 4.3 (individuelle Lernimpulse) und Kapitel 5.3 (Impulse für Gruppenarbeit):

Mathematisch argumentieren – Kinder begründen, vergleichen, überprüfen und hinterfragen

Diese Lernimpulse eröffnen Gelegenheiten, „Warum?"-Fragen zu stellen, Vermutungen zu äußern und einfache Begründungen zu formulieren.

Mathematisch kommunizieren – Mathematik ist Sprache

Diese Lernimpulse fördern das Sprechen über mathematische Ideen, das Beschreiben von Lösungswegen und die Offenheit gegenüber anderen Denkansätzen.

Probleme mathematisch lösen – Kinder erleben Mathematik als eine besondere Form des Nachdenkens über Probleme

Diese Lernimpulse bieten überschaubare, praxisnahe Problemsituationen mit unterschiedlichen Lösungswegen.

Mathematisch modellieren – Alltagssituationen werden mathematisch gedeutet

Diese Lernimpulse schlagen Brücken zwischen Lebenswelt und Mathematik – ohne diese zu vereinfachen oder zu verflachen.

Präsentieren / Darstellungen verwenden – Kinder wechseln zwischen Material, Bildern, Sprache und Symbolen

Diese Lernimpulse nutzen vielfältige Darstellungsformen und regen zum bewussten Wechsel an.

Mit Werkzeugen arbeiten – Hilfsmittel sachgerecht auswählen und nutzen

Diese Lernimpulse fördern den gezielten und reflektierten Einsatz von Zahlen, Zeichen, Materialien und – wo es sinnvoll sein kann – digitalen Werkzeugen.

Inhaltsbezogene Kompetenzbereiche (Woran Kinder mathematisch lernen)

Die Lernimpulse sind entlang der fünf mathematischen Kompetenzen strukturiert (siehe dazu Kapitel 4.2 mit den individuellen Impulsen und Kapitel 5.2 mit den Impulsen für Gruppenarbeit):

Zahl & Operation

Aufbau von Zahlvorstellungen, Beziehungen zwischen Zahlen und erste Rechenideen – handelnd, sprachlich begleitet und verstehend.

Größen & Messen

Zeit, Länge, Gewicht, Geld: Im Mittelpunkt stehen Schätzen, Vergleichen, Ordnen und Begründen – nicht das bloße Umrechnen.

Muster & Strukturen

Kinder entdecken Regelmäßigkeiten, Fortsetzungen und Beziehungen – eine zentrale Grundlage mathematischen Denkens.

Raum & Form

Geometrisches Erkunden, Legen, Bauen, Zeichnen und Orientieren – anschaulich und aktiv.

Daten & Zufall

Erste Erfahrungen mit Sammeln, Ordnen, Darstellen und Deuten von Daten – kindgerecht, alltagsnah und reflektiert.

Ziel dieses Handbuchs

Dieses Handbuch versteht Lernimpulse als pädagogisch verantwortete Lernangebote und als Anregungen zum Denken statt Aufgaben zum Abarbeiten.

Die Impulse sind Brücken zwischen Unterricht, Kind und Lebenswelt. Ebenso sind sie Werkzeuge zur Entlastung von Lehrkräften und Familien sowie Bausteine eines zeitgemäßen, kompetenzorientierten Mathematikunterrichts.

Die Lernimpulse ersetzen Hausaufgaben nicht durch zusätzlichen Unterricht, sondern durch Aufgaben mit größerer Bedeutung im Leben der Kinder, stärkerem Lebensweltbezug und größerer Lernwirksamkeit.

Die Rolle der Lehrkräfte – professionelle Verantwortung und Gestaltung

Lehrerinnen und Lehrer tragen die zentrale professionelle Verantwortung für den Lernerfolg der Kinder. Gerade im Mathematikunterricht der ersten Schuljahre entscheidet sich, ob Kinder Mathematik als verständlich, sinnvoll und bewältigbar erleben – oder ob sich früh Unsicherheiten und Abwehrhaltungen verfestigen. Lernimpulse sind deshalb kein beiläufiges Zusatzangebot, sondern ein bewusst eingesetztes pädagogisches Instrument, das der fachlichen und didaktischen Entscheidung der Lehrkraft bedarf.

Sie ersetzen Hausaufgaben nicht durch Beliebigkeit, sondern durch geplante Lerngelegenheiten, die auf mathematische Kompetenzen zielen.

Lehrkräfte wählen Lernimpulse aus, die zu den aktuellen Lernständen der Kinder passen, die an bereits Erarbeitetes anknüpfen oder neue Denkwege eröffnen, und die Gespräch, Austausch und gemeinsames Nachdenken ermöglichen. Damit übernehmen sie Verantwortung dafür, wie Kinder Mathematik lernen – nicht nur was sie lernen.

Lernimpulse entfalten ihre größte Wirkung, wenn sie im Unterricht eingeführt und gemeinsam erarbeitet werden. Dort werden die zugrunde liegenden mathematischen Ideen geklärt, Strategien besprochen und zentrale Erkenntnisse gesichert. Auf dieser Grundlage können die Impulse im weiteren Schulalltag eigenständig und flexibel weitergeführt werden.

Individuelle Lernimpulse eignen sich sowohl für den gezielten Einsatz im Unterricht – etwa zur Differenzierung, in Übungsphasen oder zur vertiefenden Weiterarbeit – als auch für freie Lernzeiten und den Ganztag. Sie eröffnen Kindern die Möglichkeit, Inhalte auf ihrem jeweiligen Lernstand weiterzuentwickeln.

Gruppenimpulse unterstützen kooperative Lernformen. Sie können in der Tischgruppenarbeit genutzt werden, um unterschiedliche Lösungswege zu vergleichen, mathematische Gespräche anzuregen und Ergebnisse gemeinsam darzustellen. Gleichzeitig bieten sie im Ganztag anregende Herausforderungen für Kinder, die weiterdenken oder besondere Interessen vertiefen möchten.

So tragen die Impulse zu einer Lernkultur bei, die verbindliche Ziele mit individuellen Lernwegen verbindet. Ihre nachhaltige Wirkung entsteht durch das Zusammenspiel von fachlicher Einführung im Unterricht und vertiefender Weiterarbeit in den unterschiedlichen Lernsettings.

Lehrkräfte als vermittelnde Instanz gegenüber Eltern

Eltern möchten ihre Kinder unterstützen – gerade im Mathematiklernen. Diese Unterstützung gelingt jedoch nur dann nachhaltig, wenn Eltern nicht in eine unterrichtliche Rolle gedrängt werden, für die sie weder ausgebildet noch verantwortlich sind.

Hier kommt den Lehrkräften eine zentrale vermittelnde Rolle zu. Indem Lehrkräfte den Eltern das Konzept der Lernimpulse erklären, schaffen sie Orientierung und Vertrauen. Sie machen deutlich:

Lernimpulse ersetzen Hausaufgaben nicht durch „weniger Lernen", sondern durch anders gestaltetes Lernen. Es geht auch nicht um Kontrolle oder Korrektur, sondern um Interesse, Gespräch und Ermutigung.

Eltern müssen keine mathematischen Lösungen vorgeben, sondern dürfen Fragen stellen und zuhören. Ein wesentliches unterstützendes Element dieses Handbuchs ist dabei, dass bei jedem einzelnen Lernimpuls ausdrücklich benannt wird, was das Kind dabei lernt. Diese kurzen Hinweise sind besonders für die Eltern bestimmt. Sie machen die Lernziele transparent. Sie erleichtern Gespräche zwischen Kind und Erwachsenen. Und sie helfen Eltern, den Sinn des Lernens zu erkennen – auch dann, wenn der Weg dorthin offen gestaltet ist.

So entsteht Vertrauen in den Lernprozess, ohne dass Eltern zu Ersatzlehrkräften werden.

Zusammenarbeit mit dem Ganztag – Lernimpulse als gemeinsamer Rahmen

Ganztagsmitarbeiter*innen leisten einen wichtigen Beitrag zur Lernmotivation und zum sozialen Lernen der Kinder. Damit Lernimpulse auch im Ganztag ihre volle Wirkung entfalten können, brauchen sie jedoch fachliche Rahmung und Orientierung durch die Lehrkräfte. Diese Unterstützung gelingt dann besonders gut, wenn die Zusammenarbeit auf Augenhöhe, in gegenseitiger Wertschätzung und mit klaren Absprachen erfolgt.

Lehrkräfte unterstützen die Arbeit im Ganztag, indem sie darüber regelmäßig und verlässlich mit den Mitarbeiter*innen im Ganztag kommunizieren. Feste Beratungs- und Austauschzeiten sind dabei unverzichtbar: Sie schaffen Raum, um Erfahrungen zu teilen, Fragen zu klären und gemeinsam über Lernprozesse der Kinder nachzudenken. In diesen Gesprächen benennen Lehrkräfte gezielt geeignete Lernimpulse für Einzelförderung und Gruppenarbeit, erläutern kurz, welche mathematischen Ideen im Mittelpunkt stehen, und sie nehmen Rückmeldungen aus dem Ganztag bewusst in ihre Unterrichtsplanung auf.

Gerade Gruppenimpulse eignen sich in besonderer Weise für den Ganztag: Sie sind kooperativ angelegt, motivierend, materialgestützt und offen genug, um unterschiedliche Lernstände zu berücksichtigen. Richtig eingeführt und begleitet, ermöglichen sie Ganztagsmitarbeiter*innen, sehr wirksame Lernanlässe zu gestalten – ohne Leistungsdruck, aber mit klarer mathematischer Zielrichtung.

So wird der Ganztag nicht zur Hausaufgabenbetreuung, sondern zu einem eigenständigen Lern- und Erfahrungsraum, der den Unterricht sinnvoll ergänzt. Eine verlässliche Kooperation mit klaren Absprachen stärkt dabei nicht nur die Professionalität aller Beteiligten, sondern kommt vor allem den Kindern zugute.

Zusammenfassung

Dieses Handbuch versteht Lernimpulse als

- Werkzeuge professioneller Unterrichtsgestaltung,
- Brücken zwischen Unterricht, Elternhaus und Ganztag,
- Entlastung für Familien, ohne Verantwortung abzugeben und
- klare Lernangebote, deren Ziele transparent benannt sind.

Lehrkräfte behalten dabei die fachliche Steuerung, öffnen aber zugleich Lernräume, in denen Kinder Mathematik entdecken, verstehen und mit anderen teilen können.

3 Das Kompetenzraster als Arbeitsgrundlage

Lernstände erkennen und auf dieser Basis die Entwicklung fördern - darum geht es in den Lernimpulsen. In diesem Kapitel wird ein klar gegliedertes und systematisch aufgebautes Kompetenzraster vorgestellt, das sich in seiner Grundstruktur an den Bildungsstandards der Kultusministerkonferenz für den Primarbereich (KMK, 2004 i.d.F. von 2022) orientiert. Zudem berücksichtigt es zentrale Anregungen diagnosegeleiteter Förderansätze wie *Mathe sicher können* (Prediger und Selter, 2013).

Viele Formulierungen wurden praxistauglich angepasst und so gefasst, dass sie die mathematischen Strategien und Lösungswege der Kinder verständlich beschreiben und im Unterricht gut aufgegriffen werden können.

Für Lehrkräfte und Ganztagsmitarbeitende entsteht dadurch ein gemeinsamer, verständlicher Orientierungsrahmen: Sie erkennen schnell, wo ein Kind steht, welche nächsten Lernschritte sinnvoll sind und wie Förderung gezielt ansetzen kann. Das Raster unterstützt die Planung von Unterricht sowie den Einsatz der Lernimpulse in Lernzeiten und Förderangeboten. Damit werden auch Absprachen im multiprofessionellen Team erleichtert.

So wird Förderung nicht zufällig, sondern bewusst gestaltet - abgestimmt, nachvollziehbar und am individuellen Lernstand des Kindes orientiert. Damit wird Lernentwicklung transparent - auch im Gespräch mit Eltern.

Wie bereits in Kapitel 2 ausgeführt, werden in diesem Handbuch die inhaltsbezogenen und prozessbezogenen Kompetenzen in den Lernimpulsen bewusst auf nur zwei Niveaustufen beschrieben. Damit soll vermieden werden, dass die Aufgaben zu stark formalisiert werden und der offene Denkraum der Kinder eingeengt wird. Die beiden Niveaustufen der Lernimpulse sind:

- Aktivierung
- Erweiterung

Die Aktivierung eröffnet den Zugang zur Aufgabe und bringt Kinder in eine mathematische Handlungssituation. Sie lädt zum Ausprobieren, Entdecken und ersten Strukturieren ein.

Die Erweiterung greift diese Aktivierung auf und führt sie weiter. Kinder vergleichen Strategien, erkennen Muster, begründen ihre Ergebnisse oder entwickeln eigene Fragestellungen. Diese Ebene ist bewusst nach oben offen gestaltet, sodass Kinder auf sehr unterschiedlichen Niveaus weiterdenken können.

Für die diagnostische Einschätzung der Kompetenzentwicklung ist das dreistufige Kompetenzraster der KMK sehr hilfreich. Es ermöglicht Lehrkräften, die Beobachtungen aus der Arbeit mit den Lernimpulsen einzuordnen. Unterschieden werden dabei drei Niveaustufen:

- Grundniveau
- Fortgeschrittenes Niveau
- Kompetentes Niveau

Die Formulierungen im Kompetenzraster sind bewusst so angelegt, dass die beschriebenen mathematischen Fähigkeiten und Strategien der Kinder im Unterrichtsalltag gut beobachtet werden können. Dadurch eignen sie sich sowohl für die pädagogische Diagnostik als auch für die Förderplanung, Lernentwicklungsgespräche und Zeugnisformulierungen.

A. Inhaltsbezogene Kompetenzen

A1 Zahl & Operation (Zahlenraum bis 20)

Grundniveau

- Erkennt Zahlen 1–20.
- Zählt vor- und rückwärts.
- Löst einfache Plus- und Minusaufgaben.

Fortgeschritten

- Rechnet sicher im Zahlenbereich bis 20.

Kompetent

- Nutzt Strategien wie Verdoppeln, Zerlegen, Nachbarzahlen.
- Erklärt Zusammenhänge zwischen Plus und Minus.
- Erkennt Zahlstrukturen (Fünfer-/ Zehnerstruktur).

A2 Größen & Messen

Grundniveau

- Vergleicht Längen, Gewichte oder Zeiten (länger/schwerer/kürzer).
- Kennt einfache Zeitangaben (volle Stunde).

Fortgeschritten

- Misst mit Lineal (cm).
- Kennt Stunden und kennt die Zeitzuordnung zum Morgen, Mittag, Abend.

Kompetent

- Überprüft Schätzungen und misst gezielt nach.
- Erklärt Messvorgehen.

A3 Muster & Strukturen

Grundniveau

- Erkennt einfache Muster (AB, AAB).

Fortgeschritten

- Setzt Muster sinnvoll fort.

Kompetent

- Entwickelt eigene Muster oder findet Gesetzmäßigkeiten.

A4 Raum & Form

Grundniveau

- Erkennt und benennt Grundformen (Kreis, Quadrat, Dreieck).
- Beschreibt einfache Lagebeziehungen.

Fortgeschritten

- Findet Formen in der Umwelt.
- Beschreibt und sortiert Formen nach Merkmalen.

Kompetent

- Baut und zeichnet Figuren nach Vorlage.
- Nutzt Fachbegriffe sicher (Formen, Länge, Breite, Höhe).

A5 Daten & Zufall

Grundniveau

- Sammelt Daten (z. B. Strichliste).
- Liest einfache Häufigkeiten ab.

Fortgeschritten

- Erstellt einfache Tabellen.

- Vergleicht Häufigkeiten.

Kompetent

- Interpretiert einfache Diagramme.
- Erklärt Unterschiede.
- Stellt Daten übersichtlich dar.

B. Prozessbezogene Kompetenzen

B1 Argumentieren

Grundniveau

- Nennt einfache Beobachtungen („Das sind mehr.").
- Beschreibt Unterschiede („Hier sind weniger.").
- Erkennt offensichtliche Fehler.

Fortgeschritten

- Erklärt Ergebnisse mit eigenen Worten („Weil ich 3 dazugelegt habe.").
- Begründet einfache Vergleiche („Der Turm ist höher, weil er mehr Steine hat.").
- Prüft Lösungen durch Nachrechnen oder Zählen.

Kompetent

- Begründet Zusammenhänge verständlich.
- Findet Beispiele oder Gegenbeispiele.
- Vergleicht verschiedene Lösungswege und bewertet sie.

B2 Kommunizieren

Grundniveau

- Beschreibt eigene Vorgehensweise in einfachen Sätzen.
- Hört anderen zu.

Fortgeschritten

- Erklärt Lösungswege verständlich.
- Verwendet mathematische Begriffe (plus, minus, länger ...).
- Greift Beiträge anderer auf.

Kompetent

- Diskutiert Lösungswege.
- Stellt gezielte Rückfragen.
- Formuliert mathematische Zusammenhänge klar.

B3 Probleme lösen

Grundniveau

- Probiert Lösungswege aus.
- Nutzt Material zum Ausprobieren.
- Bleibt bei einfachen Aufgaben dran.

Fortgeschritten

- Entwickelt eine passende Strategie.
- Verändert Vorgehensweisen bei Schwierigkeiten.
- Überprüft das Ergebnis selbstständig.

Kompetent

- Plant Lösungswege bewusst.
- Nutzt bekannte Strategien flexibel.
- Erklärt, warum eine Strategie sinnvoll ist.

B4 Modellieren

Grundniveau

- Erkennt eine Rechenaufgabe in einer Alltagssituation.
- Löst einfache Rechengeschichten.

Fortgeschritten

- Übersetzt Alltagssituationen in passende Rechnungen.
- Prüft, ob das Ergebnis zur Situation passt.

Kompetent

- Entwickelt eigene Rechengeschichten.
- Erklärt, welche Informationen wichtig sind.
- Überprüft Lösungen kritisch am Kontext.

B5 Präsentieren / Darstellen

Grundniveau

- Stellt Ergebnisse mit Material oder Zeichnung dar.
- Nutzt einfache Skizzen.

Fortgeschritten

- Wählt passende Darstellungsformen (Tabelle, Skizze, Zahlbild).
- Erklärt eigene Darstellungen.

Kompetent

- Nutzt verschiedene Darstellungen flexibel.
- Wechselt zwischen Darstellungsebenen (z. B. Bild ↔ Zahl).
- Reflektiert, welche Darstellung hilfreich ist.

B6 Mit Werkzeugen arbeiten

Grundniveau

- Nutzt die Materialien sachgerecht.
- Arbeitet nach Anleitung mit konkreten Hilfsmitteln.
- Setzt Werkzeuge unterstützend beim Rechnen oder Darstellen ein.

Fortgeschritten

- Wählt aus bekannten Werkzeugen ein passendes aus.
- Nutzt Materialien zunehmend selbstständig zur Lösungsfindung.
- Überprüft Ergebnisse mithilfe von Werkzeugen.

Kompetent

- Entscheidet situationsangemessen zwischen verschiedenen Werkzeugen.
- Nutzt Werkzeuge strategisch zur Strukturierung komplexerer Aufgaben.
- Reflektiert Vorteile und Grenzen eingesetzter Hilfsmittel.

Zusammenspiel: Kompetenzraster ↔ Lernimpulse

Dieses Kompetenzraster dient vor allem der Orientierung und Einordnung der Lernentwicklung. Es unterstützt Lehrerinnen und Lehrer dabei, die unterschiedlichen Lösungswege, Denkstrategien und Entwicklungsschritte der Kinder systematisch wahrzunehmen und einzuschätzen. Gleichzeitig macht es sichtbar, dass mathematische Kompetenz sich schrittweise entwickelt und Kinder auf unterschiedlichen Wegen und in unterschiedlichem Tempo Fortschritte machen.

Die Lernimpulse selbst sind jedoch bewusst offen und anregend gestaltet. Sie geben keine festen Lernstufen vor, sondern eröffnen mathematische Situationen, in denen Kinder entdecken, ausprobieren, erklären und weiterdenken können.

Auf diese Weise ergänzen sich beide Perspektiven:

Die Lernimpulse schaffen lebendige mathematische Lerngelegenheiten, während das Kompetenzraster der Lehrkraft hilft, die dabei sichtbare Kompetenzentwicklung der Kinder wahrzunehmen, zu verstehen und pädagogisch zu begleiten.

Literaturhinweise

Strukturgebend für prozess- und inhaltsbezogene Kompetenzen:

Beschluss der Kultusministerkonferenz (KMK) vom 15.10.2004, i.d.F. vom 23.06.2022: *Bildungsstandards im Fach Mathematik für den Primarbereich.*

Inspiration für die Niveaustufung und diagnosegeleitete Förderung:

Selter, Christoph; Prediger, Susanne; Nührenbörger, Marcus und Hußmann, Stephan (2014): *Mathe sicher können – Natürliche Zahlen. Handreichungen für ein Diagnose- und Förderkonzept zur Sicherung mathematischer Basiskompetenzen.* Cornelsen, Berlin.

Fachdidaktische Grundlegung zum Thema „Mit Werkzeugen arbeiten":

Krauthausen, Günter (2018): *Einführung in die Mathematikdidaktik – Grundschule* (4. Aufl.). Springer Spektrum, Berlin / Heidelberg.

Anregungen für die Beschreibung von beobachtbarem Verhalten und für Gesprächsanlässe:

Ministerium für Schule und Bildung des Landes Nordrhein-Westfalen (2021): *Lernentwicklungsgespräche in der Grundschule – Handreichung für Schulen.*

Teil B:

Lernimpulse für Unterricht, Ganztag und Zuhause

4 Individuelle Lernimpulse

4.1 Orientierung für die Arbeit mit individuellen Lernimpulsen

Individuelle Lernimpulse gezielt auswählen

Die folgenden individuellen Lernimpulse eröffnen Ihnen viele Möglichkeiten, Kinder im Mathematikunterricht der ersten Klasse passgenau, ermutigend und wirksam zu fördern. Sie sind so gestaltet, dass Kinder selbstständig arbeiten, eigene Wege gehen und in ihrem eigenen Tempo lernen können – im Unterricht ebenso wie in den Lernzeiten des Ganztags. Die Impulse verstehen sich nicht als zusätzliche Aufgaben, sondern als Lernangebote, die Kinder dort abholen, wo sie gerade stehen.

Die besondere Chance der individuellen Lernimpulse

Individuelle Lernimpulse ermöglichen es Ihnen, jedes Kind gezielt zu fördern, ohne es zu überfordern oder zu bremsen. Kinder unterscheiden sich im Lerntempo, im Vorwissen, in der Konzentrationsfähigkeit und im Zugang zum Lernen. Diese individuellen Impulse tragen dieser Vielfalt Rechnung. Ein Kind kann sich Zeit nehmen, etwas gründlich zu erkunden. Ein anderes kann weitergehen und zusätzliche Herausforderungen annehmen. Beides ist Lernen – und beides ist wertvoll.

Zwei Ordnungen – eine klare Orientierung

Die individuellen Lernimpulse sind so angeordnet, dass Sie schnell das passende Angebot finden:

- Zunächst sind alle Impulse vollständig aufgelistet, geordnet nach den inhaltsbezogenen Kompetenzbereichen (Kapitel 4.2). So können Sie gezielt auswählen: „Welcher Impuls passt zu dem mathematischen Inhalt, an dem dieses Kind gerade arbeitet?"
- Im Anschluss finden Sie die Impulse zusätzlich nach den prozessbezogenen Kompetenzen geordnet (Kapitel 4.3). Diese zweite Perspektive unterstützt Sie dabei, bewusst zu entscheiden: Soll das Kind heute etwas ausprobieren? Oder nachdenken und Probleme lösen? Oder soll es lernen, darzustellen oder zu erklären, was es verstanden hat?

Zusätzlich finden Sie bei jedem Lernimpuls kleine Icons. Diese zeigen an, welche prozessbezogenen Kompetenzen durch den jeweiligen Impuls besonders gefördert werden.

Eine Übersicht aller Icons und ihrer Bedeutung finden Sie am Anfang von Kapitel 4.2. So behalten Sie beim Arbeiten mit den Impulsen nicht nur den mathematischen Inhalt im Blick, sondern auch, welche Denk- und Arbeitsweisen die Kinder dabei entwickeln.

Dadurch wird individuelle Förderung

professionell begründet, klar strukturiert, leicht planbar und im Alltag gut nutzbar.

Lernen im eigenen Tempo – das Selbstvertrauen der Kinder stärken

Individuelle Lernimpulse geben den Kindern Zeit zum Denken und Raum zum Ausprobieren, Sicherheit durch überschaubare Aufgaben und Erfolgserlebnisse durch passende Herausforderungen. So können Kinder erleben: „Ich kann das. Ich darf mir Zeit nehmen. Ich darf weiterdenken." Das stärkt nicht nur mathematische Kompetenzen, sondern auch Selbstvertrauen, Ausdauer und Lernfreude.

Ihre Rolle als Lehrkraft

Sie entscheiden, welcher Impuls für welches Kind sinnvoll ist, wann ein Kind Unterstützung braucht oder wann ein Kind bereit ist für eine Erweiterung. Die individuellen Lernimpulse unterstützen Sie dabei, Lernwege zu öffnen, ohne Kinder zu vergleichen oder zu bewerten. So ermöglichen Sie den Kindern stille, konzentrierte Lernphasen, in denen sie Verantwortung für ihr eigenes Lernen übernehmen.

Ein gemeinsames Ziel

Alle individuellen Lernimpulse verfolgen ein zentrales Ziel: Jedes Kind soll Mathematik verstehen, in seinem eigenen Tempo lernen und dabei Vertrauen in die eigenen Fähigkeiten entwickeln. Dazu dient die klare Ordnung der Impulse – zuerst nach Inhalten, dann nach Lernprozessen. Das hilft Ihnen, individuelle Förderung bewusst und wirksam umzusetzen.

4.2 Individuelle Lernimpulse für inhaltsbezogene Kompetenzen

Bedeutung der Icons

Die folgenden Lernimpulse sind jeweils mit kleinen Icons versehen. An diesen Icons können Sie erkennen, welche prozessbezogenen Kompetenzen durch den jeweiligen Impuls zusätzlich gefördert werden. So behalten Sie nicht nur den mathematischen Inhalt im Blick, sondern auch die Denk-, Arbeits- und Kommunikationsprozesse der Kinder.

 Argumentieren (begründen, prüfen, entscheiden)

 Kommunizieren (erklären, zuhören, absprechen)

 Probleme lösen (Strategien, Lösungen finden)

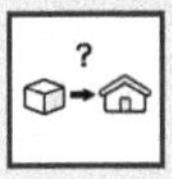 Modellieren (Alltagssituationen mathematisch darstellen)

Präsentieren / Darstellungen verwenden (zeigen, darstellen, dokumentieren)

 Mit Werkzeugen arbeiten (Material nutzen, messen, bauen, legen)

Zahlen entdecken und verstehen (Zahl & Operation)

(Zahlen verstehen, darstellen, zerlegen, rechnen)

Didaktische Einordnung:

Im Anfangsunterricht entwickeln Kinder ein Verständnis für Zahlen als Mengen, Positionen und Beziehungen. Sie lernen, Zahlen darzustellen, zu vergleichen, zu zerlegen und einfache Rechenoperationen zu verstehen. Wichtig sind handelnde Zugänge mit Materialien, Fingerbildern, Zahlbildern und Alltagssituationen, damit Kinder Zahlbeziehungen entdecken und flexible Rechenstrategien aufbauen können.

Lernimpuls 1: Zahlen-Entdecker

Aktivierung:
Schau dich heute um. Finde 5 Dinge, die es genau 3-mal gibt. Zum Beispiel: 3 Stühle, 3 Schuhe, 3 Löffel.

Erweiterung:
Finde auch je ein Beispiel für 4, für 5 und für 6 Dinge.

Was dabei gelernt wird:
Das Kind lernt, Mengen im Alltag zu sehen und sie sicher mit Zahlen zu verbinden.

Lernimpuls 2: Zahlen legen

Aktivierung:
Sammle mindestens 15 kleine Dinge (z. B. Steine, Knöpfe). Lege damit die Zahlen 1 bis 5 als kleine Bilder oder Muster.

Erweiterung:
Suche weitere kleine Dinge und lege auch die Zahlen 6 bis 10.

Was dabei gelernt wird:
Das Kind stellt Zahlen als Muster dar und erkennt Mengen mit den Händen.

Lernimpuls 3: Zahlenjäger

Aktivierung:
Suche Zahlen in deiner Wohnung (z. B. auf der Uhr, am Kalender, auf der Fernbedienung, in einem Buch).

Erweiterung:
Schreibe 5 Zahlen, die du gefunden hast, der Reihe nach auf: von klein nach groß.

Was dabei gelernt wird:
Das Kind entdeckt Zahlen in der Umgebung und übt das Ordnen.

Lernimpuls 4: Besteckzahlen

Aktivierung:
Lege mit Besteck (Löffel, Gabeln, Messer) die Zahlen 1 bis 10 in der richtigen Reihenfolge.

Erweiterung:
Lege die Zahlen rückwärts: von 10 bis 1.

Was dabei gelernt wird:
Das Kind übt Zahlenfolgen und stellt Zahlen mit Material dar.

Lernimpuls 5: Finger-Zahlen

Aktivierung:
Spiel „Zahlenjagd“: Jemand sagt eine Zahl. Du zeigst die Zahl mit deinen Fingern.

Erweiterung:
Zeige dieselbe Zahl auf 2 Arten. Beispiel: 7 = erst 5 und 2, dann 4 und 3.

Was dabei gelernt wird:
Das Kind stellt Zahlen unterschiedlich dar und übt Zahlzerlegungen.

Lernimpuls 6: Turmbauer

Aktivierung:
Baue mit Bausteinen einen Turm aus genau 8 Steinen. Zähle dabei laut.

Erweiterung:
Baue mehrere Türme: einen mit 1, einen mit 2 ... bis 10 Steinen. Alle Türme sollen verschieden hoch sein.

Was dabei gelernt wird:
Das Kind zählt sicher und vergleicht Mengen.

Lernimpuls 7: Zahlenhüpfen

Aktivierung:
Lege Zahlen 1 bis 10 auf den Boden (z. B. mit Zetteln oder Kreppband). Hüpfe die Zahlen der Reihe nach ab.

Erweiterung:
Hüpfe nur die geraden Zahlen (2, 4, 6, 8, 10). Danach hüpfe nur die ungeraden Zahlen (1, 3, 5, 7, 9).

Was dabei gelernt wird:
Das Kind festigt die Zahlenfolge und lernt gerade/ungerade.

Lernimpuls 8: Sortierprofi

Aktivierung:
Nimm 10 Dinge (z. B. Stifte, Steine, Bausteine). Sortiere sie von klein nach groß. Zähle dabei.

Erweiterung:
Sortiere dieselben Dinge noch einmal – diesmal nach Farbe oder nach Gewicht (leicht/schwer).

Was dabei gelernt wird:
Das Kind ordnet systematisch und vergleicht Eigenschaften.

Lernimpuls 9: Lieblingszahl

Aktivierung:
Sag jemandem deine Lieblingszahl. Erkläre: „Ich mag diese Zahl, weil ...“.

Erweiterung:
Finde 3 Dinge, die zu deiner Lieblingszahl passen (z. B. 7 Murmeln, 7 Schritte, 7 Legosteine).

Was dabei gelernt wird:
Das Kind spricht über Mathematik und begründet eigene Ideen.

Lernimpuls 10: Kreatives Zahlenschreiben

Aktivierung:
Schreibe die Zahlen 1 bis 10. Nutze verschiedene Stifte oder lege die Zahlen auch aus Material (z. B. Stöcke, Schnur).

Erweiterung:
Schreibe die Zahlen 1 bis 10 auf 3 kreative Arten (z. B. groß, bunt, aus Punkten).

Was dabei gelernt wird:
Das Kind übt Zahlzeichen und Darstellungen.

Lernimpuls 11: Mengenvergleicher

Aktivierung:
Mache 2 kleine Haufen aus Dingen (z. B. Steine und Blätter). Schätze: Welcher Haufen hat mehr Teile? Welcher hat weniger? Überprüfe Deine Schätzung durch Nachzählen.

Erweiterung:
Sortiere deine Dinge nach 2 Regeln. Beispiel: erst nach Farbe, dann nach Größe.

Was dabei gelernt wird:
Das Kind vergleicht Mengen und sortiert bewusst.

Lernimpuls 12: Tischdecken

Aktivierung:
Hilf beim Tischdecken. Zähle: Welche Dinge gibt es 1-mal, 2-mal, 3-mal (z. B. Teller, Gläser)?

Erweiterung:
Denk dir „seltene“ Dinge aus, die es 4-mal geben soll. Was könnte das sein?

Was dabei gelernt wird:
Das Kind erkennt Zahlen im Alltag und zählt gezielt.

Lernimpuls 13: Würfel-Zeigen

Aktivierung:
Würfle. Zeige die Zahl der Punkte mit deinen Fingern.

Erweiterung:
Zeige dieselbe Zahl noch einmal – diesmal mit zwei Händen.

Was dabei gelernt wird:
Das Kind erkennt Zahlen und Mengen und stellt sie flexibel dar.

Lernimpuls 14: Wegnehmen

Aktivierung:
Nimm 10 Dinge. Lege 6 weg. Zähle: Wie viele bleiben übrig?

Erweiterung:
Denk dir 3 eigene Aufgaben aus: „Ich nehme ... weg. Wie viele bleiben?".

Was dabei gelernt wird:
Das Kind versteht Minus als „wegnehmen" und übt selbstständig.

Lernimpuls 15: Besteckrechnen

Aktivierung:
Lege eine Plusaufgabe mit Besteck. Beispiel: 4 Gabeln + 2 Messer. Zähle zusammen.

Erweiterung:
Schreibe (oder sage) die passende Minusaufgabe dazu. Beispiel: 6 – 2 = 4.

Was dabei gelernt wird:
Das Kind verbindet Plus und Minus und nutzt Material.

Lernimpuls 16: Springrechnen

Aktivierung:
Jemand sagt: „5 + 3". Du springst 8-mal.

Erweiterung:
Rechne rückwärts: „10 – 3". Springe passend.

Was dabei gelernt wird:
Das Kind verbindet Rechnen mit Bewegung und festigt Ergebnisse.

Lernimpuls 17: Einkaufsspiel

Aktivierung:

Spiel „Einkaufen“: Stell dir vor, du gehst einkaufen. Du kaufst drei Dinge: Eine Banane kostet 2 Münzen. Ein Apfel kostet 3 Münzen. Ein Brötchen kostet 4 Münzen. Zähle zusammen: Wie viele Münzen musst du insgesamt bezahlen?

Erweiterung:

Spiel „Wechselgeld“: Du gibst z. B. 10. Was bekommst du zurück?

Was dabei gelernt wird:

Das Kind rechnet in Alltagssituationen (Plus/Minus).

Lernimpuls 18: Gegenstandsrechnen

Aktivierung:

Nimm Dinge in zwei Farben. Beispiel: 3 rote und 4 blaue. Mach daraus eine Plusaufgabe.

Erweiterung:

Finde Aufgaben, die 10 ergeben.

Was dabei gelernt wird:

Das Kind bildet Rechenaufgaben aus Mengen und übt Zerlegungen.

Lernimpuls 19: Bausteinaufgaben

Aktivierung:

Baue mit Bausteinen alle Aufgaben, die 7 ergeben (z. B. 5+2, 4+3 ...).

Erweiterung:

Mach das auch für 8, 9 und 10.

Was dabei gelernt wird:

Das Kind entdeckt Zahlzerlegungen systematisch.

Lernimpuls 20: Würfelrechnen

Aktivierung:

Würfle zweimal. Addiere die beiden Zahlen: „... plus ...“.

Erweiterung:

Subtrahiere: Nimm die kleinere Zahl von der größeren weg.

Was dabei gelernt wird:

Das Kind übt Addieren und Subtrahieren.

Lernimpuls 21: Rechengeschichten

Aktivierung:
Lege eine Geschichte mit Dingen: „5 Äpfel liegen da. 2 werden gegessen." Wie viele bleiben?

Erweiterung:
Erfinde 3 eigene Rechengeschichten.

Was dabei gelernt wird:
Das Kind verbindet Rechnen mit Sprache und Situationen.

Lernimpuls 22: Alltagsrechnen

Aktivierung:
Finde ein Problem aus deinem Alltag, das man mit Rechnen lösen kann. Beispiel: „Wie viele Teller brauchen wir?".

Erweiterung:
Erkläre es jemandem. Lass die Person daraus eine Aufgabe machen.

Was dabei gelernt wird:
Das Kind erkennt Mathematik im Alltag und kann Aufgaben formulieren.

Größen vergleichen und messen (Größen & Messen)

(Längen, Zeiten, Gewichte, Geld u.a. vergleichen und messen)

Didaktische Einordnung:

Größen erschließen sich Kindern vor allem über konkrete Erfahrungen im Alltag. Durch Vergleichen, Schätzen und Messen entwickeln sie ein Verständnis für Maße und Einheiten. Wichtig ist dabei der Wechsel zwischen freiem Vergleichen („Was ist länger?"), dem Messen mit nicht standardisierten Einheiten und später mit standardisierten Maßeinheiten.

Lernimpuls 23: Größenvergleich

Aktivierung:
Nimm 2 Lebensmittel aus dem Kühlschrank. Welches ist größer? Welches ist kleiner?

Erweiterung:
Hebe beide kurz an: Welches ist schwerer? Welches ist leichter?

Was dabei gelernt wird:
Das Kind vergleicht Größen und Gewichte.

Lernimpuls 24: Gleich groß?

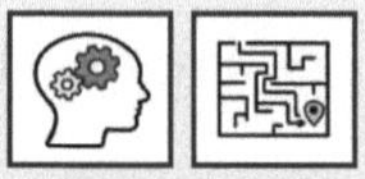

Aktivierung:
Finde in deinem Zimmer Paare von Dingen, die gleich groß sind (z. B. zwei gleiche Bücher).

Erweiterung:
Finde Dinge, die fast gleich groß sind (nur ein bisschen anders).

Was dabei gelernt wird:
Das Kind vergleicht genau und beschreibt Unterschiede.

Lernimpuls 25: Turmvergleich

Aktivierung:
Baue 2 Türme aus Bausteinen. Welcher Turm ist höher? Welcher ist niedriger?

Erweiterung:
Baue den höchsten Turm, den du kannst. Miss ihn mit deiner Hand: Wie viele Handlängen ist er hoch?

Was dabei gelernt wird:
Das Kind vergleicht Längen und misst mit einfachen Einheiten.

Lernimpuls 26: Handmaß

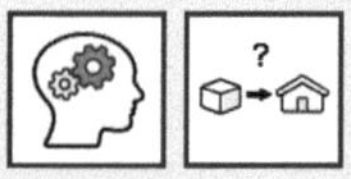

Aktivierung:
Finde 3 Dinge, die größer als deine Hand sind. Finde 3 Dinge, die kleiner als deine Hand sind.

Erweiterung:
Finde Dinge, die genau so groß sind wie deine Hand (oder fast genau).

Was dabei gelernt wird:
Das Kind schätzt Größen und nutzt Körpermaße.

Lernimpuls 27: Schätzmeister

Aktivierung:
Mach 2 Haufen aus Legos. Schau kurz hin und schätze: Welcher Haufen hat mehr Steine? Dann zähle nach.

Erweiterung:
Schätze: Wie viel mehr sind es? (Zum Beispiel: „Vielleicht 3 mehr".) Prüfe nach.

Was dabei gelernt wird:
Das Kind lernt schätzen und kontrollieren.

Lernimpuls 28: Längenprüfer

Aktivierung:
Suche 3 Dinge, die gleich lang aussehen. Miss mit einer Schnur nach.

Erweiterung:
Nimm die Schnur als Maß. Finde Dinge, die doppelt so lang sind wie die Schnur.

Was dabei gelernt wird:
Das Kind vergleicht Längen und misst.

Lernimpuls 29: Schrittmesser

Aktivierung:
Schätze: Wie viele Schritte ist dein Zimmer lang? Dann gehe und zähle die Schritte.

Erweiterung:
Miss auch andere Räume so: Flur, Küche, Wohnzimmer.

Was dabei gelernt wird:
Das Kind schätzt und misst Längen mit Schritten.

Lernimpuls 30: Füllstände

Aktivierung:
Fülle ein Glas halb voll. Dann fülle es viertelvoll. Schau genau hin.

Erweiterung:
Finde 3 weitere Füllstände (z. B. fast voll, ein bisschen, dreiviertel).

Was dabei gelernt wird:
Das Kind versteht Teile eines Ganzen anschaulich.

Lernimpuls 31: Körpermaße

Aktivierung:
Miss mit deiner Hand: Wie viele Handlängen ist der Tisch lang?

Erweiterung:
Miss mit anderen Körpermaßen: Fußlänge oder Unterarmlänge.

Was dabei gelernt wird:
Das Kind vergleicht Maße und lernt unterschiedliche Einheiten kennen.

Lernimpuls 32: Gewichtsvergleich

Aktivierung:
Nimm zwei Dinge in die Hände. Welches ist schwerer? Welches ist leichter?

Erweiterung:
Sortiere 5 Dinge von leicht nach schwer.

Was dabei gelernt wird:
Das Kind vergleicht Gewichte und ordnet sie.

Lernimpuls 33: Uhrzeit schätzen

Aktivierung:
Schau nicht auf die Uhr. Schätze: „Wie spät ist es?“ Dann schau nach.

Erweiterung:
Mach am Tag 3 Schätzungen und schreibe sie auf (oder male Symbole dazu).

Was dabei gelernt wird:
Das Kind entwickelt ein erstes Zeitgefühl.

Lernimpuls 34: Vergleichslängen

Aktivierung:
Suche etwas, das so lang ist wie deine Trinkflasche.

Erweiterung:
Finde etwas, das doppelt so lang ist.

Was dabei gelernt wird:
Das Kind erkennt Längenverhältnisse.

Lernimpuls 35: Längenschätzung

Aktivierung:
Lege 10 Stifte nebeneinander. Schätze: Wie breit ist die Reihe? (Wie viele Finger- oder Handbreit?).

Erweiterung:
Nun lege 20 Stifte nebeneinander. Schätze wieder die Breite. Was fällt dir auf?

Was dabei gelernt wird:
Das Kind übt Schätzen und Vergleichen.

Lernimpuls 36: Waage bauen

Aktivierung:
Baue eine Waage: Kleiderbügel + zwei Becher (oder Tüten) links und rechts. Was passiert, wenn Du eine Murmel oder einen Baustein in einen der beiden Becher legst?

Erweiterung:
Wiege 5 Dinge und vergleiche: Was ist schwerer, was leichter?

Was dabei gelernt wird:
Das Kind entwickelt Messideen und vergleicht Gewichte.

Lernimpuls 37: Gefäßvergleich

Aktivierung:
Gieße Wasser von einem Gefäß in ein anderes. Schau: Welches fasst mehr?

Erweiterung:
Nimm mehrere Gefäße und finde heraus, welches am meisten Wasser fasst.

Was dabei gelernt wird:
Das Kind versteht Fassungsvermögen durch Ausprobieren.

Lernimpuls 38: Genau messen

Aktivierung:
Finde 3 Dinge, die gleich lang aussehen. Miss mit Band oder Schnur nach.

Erweiterung:
Finde kleine Unterschiede: 1 cm oder 2 cm (mit Lineal oder Schnur).

Was dabei gelernt wird:
Das Kind misst genauer und achtet auf kleine Unterschiede.

Muster erkennen und fortsetzen (Muster & Strukturen)

(Muster erkennen, beschreiben und fortsetzen)

Didaktische Einordnung:

Das Erkennen und Fortsetzen von Mustern unterstützt Kinder dabei, mathematische Strukturen zu entdecken. Durch Legen, Zeichnen, Bauen oder Bewegen erkennen sie Regelmäßigkeiten und lernen, diese zu beschreiben und weiterzuführen. Muster fördern vorausschauendes Denken und bilden eine wichtige Grundlage für das Verständnis von Zahlbeziehungen und Rechenstrategien.

Lernimpuls 39: Muster legen (Gegenstände)

Aktivierung:
Lege ein Muster aus zwei Dingen: Löffel – Gabel – Löffel – Gabel ...

Erweiterung:
Erfinde ein Muster aus 3 Dingen (z. B. rot – blau – gelb).

Was dabei gelernt wird:
Das Kind erkennt Regeln und setzt Muster fort.

Lernimpuls 40: Farbensortierer

Aktivierung:
Sortiere Bausteine (oder etwas anderes) nach Farben. Von welcher Farbe hast du die meisten Dinge?

Erweiterung:
Sortiere danach noch einmal nach Größe (klein/mittel/groß).

Was dabei gelernt wird:
Das Kind sortiert nach Regeln und erkennt Strukturen.

Lernimpuls 41: Muster legen (Formen)

Aktivierung:
Lege ein Muster aus Formen: Kreis – Kreis – Dreieck. Wiederhole es.

Erweiterung:
Erfinde ein schwierigeres Muster und lege es.

Was dabei gelernt wird:
Das Kind erkennt Regeln in Mustern und setzt sie fort.

Lernimpuls 42: Muster entdecken

Aktivierung:
Suche ein Muster auf Stoffen oder Tapeten. Beschreibe es: „Immer ... dann ...“.

Erweiterung:
Zeichne das Muster nach.

Was dabei gelernt wird:
Das Kind beobachtet genau und beschreibt Strukturen.

Lernimpuls 43: Farbmuster

Aktivierung:
Lege ein Farbmuster: rot – rot – blau – rot – rot – blau ...

Erweiterung:
Erfinde ein „Fehlermuster“: Baue absichtlich einen Fehler ein und lass andere den Fehler finden.

Was dabei gelernt wird:
Das Kind erkennt Muster und kann Fehler erkennen.

Lernimpuls 44: Sortierkünstler

Aktivierung:
Sortiere Spielzeugautos oder Figuren nach 2 Regeln (z. B. Farbe und Größe).

Erweiterung:
Sortiere nach 3 Regeln (z. B. Farbe, Größe, Form).

Was dabei gelernt wird:
Das Kind sortiert systematisch und denkt in Kategorien.

Lernimpuls 45: Klatschmuster

3 drei

Aktivierung:
Erfinde ein Klatschmuster: klatsch – Pause – klatsch – klatsch – Pause. Wiederhole es.

Erweiterung:
Verändere dein Klatschmuster: Erfinde ein längeres Muster. Baue eine regelmäßige Wiederholung ein. Ersetze Klatschen durch andere Geräusche (z. B. stampfen oder schnipsen).

Was dabei gelernt wird:
Das Kind erkennt und imitiert rhythmische Muster und erfindet eigene.

Lernimpuls 46: Perlenkette fortsetzen

Aktivierung:
Fädle ein Muster aus farbigen Perlen auf: rot – blau – rot – blau ...

Erweiterung:
Fädle ein Muster mit drei oder mehr Farben. Beschreibe, wie sich die Farben wiederholen sollen, z. B. rot – rot – blau – rot – rot – grün ... Wie könnte es weitergehen?

Was dabei gelernt wird:
Das Kind setzt visuelle Muster handelnd fort und prüft deren Regelmäßigkeit.

Lernimpuls 47: Tiergeräusche-Muster

Aktivierung:
Mache ein Geräuschemuster: miau – wuff – miau – wuff ...

Erweiterung:
Verändere dein Tiergeräusch-Muster: Erfinde ein längeres Muster mit drei oder vier Geräuschen. Zeichne dein Muster mit Zeichen für die Tiere oder mit eigenen Symbolen.

Was dabei gelernt wird:
Das Kind erkennt auditive Muster und kann sie reproduzieren und variieren.

Lernimpuls 48: Bewegungsmuster

Aktivierung:
Mache eine Bewegungsfolge: hüpfen – drehen – hüpfen – drehen ...

Erweiterung:
Verändere dein Bewegungsmuster: Erfinde ein längeres Muster mit mehr Bewegungen. Baue eine regelmäßige Wiederholung ein.

Was dabei gelernt wird:
Das Kind erfasst und setzt motorische Abfolgen fort und schult das Körpergefühl.

Lernimpuls 49: Muster mit Naturmaterialien

Aktivierung:
Lege ein Muster mit Steinen und Blättern: Stein – Blatt – Stein – Blatt ...

Erweiterung:
Baue ein Muster aus drei verschiedenen Naturmaterialien.

Was dabei gelernt wird:
Das Kind überträgt Musterstrukturen auf verschiedene Materialien und erkennt Ordnungen in der Natur.

Lernimpuls 50: Zahlenmuster auf dem Zahlenstrahl

Aktivierung:
Zeige auf einem Zahlenstrahl: 2 – 4 – 6 – 8 ... Welche Zahl kommt als nächste?

Erweiterung:
Erfinde ein eigenes Zahlenspringen (z. B. immer +3) und zeige es.

Was dabei gelernt wird:
Das Kind erkennt regelmäßige Abstände in Zahlenfolgen und setzt sie fort.

Lernimpuls 51: Muster im Alltag suchen

Aktivierung:
Suche zu Hause nach Dingen, die sich wiederholen: Fliesen, Fenster, Bücher im Regal.

Erweiterung:
Male oder fotografiere ein gefundenes Muster und erkläre es.

Was dabei gelernt wird:
Das Kind entdeckt Muster in der eigenen Umgebung und entwickelt ein Bewusstsein für Strukturen im Alltag.

Lernimpuls 52: Kürzester Weg

Aktivierung:
Baue mit Bausteinen einen Weg zwischen zwei Punkten. Finde den kürzesten Weg.

Erweiterung:
Stelle Hindernisse in den Weg. Finde mehrere Wege, um die Hindernisse zu umgehen. Vergleiche: Welcher Weg ist am kürzesten?

Was dabei gelernt wird:
Das Kind vergleicht Wege und findet Strategien.

Lernimpuls 53: Labyrinth

Aktivierung:
Zeichne ein kleines Labyrinth und finde selbst einen Weg vom Anfang bis zum Ziel.

Erweiterung:
Verändere dein Labyrinth: Zeichne ein größeres Labyrinth mit mehreren Wegen. Baue mindestens zwei Sackgassen ein. Überprüfe, ob es einen richtigen Weg zum Ziel gibt.

Was dabei gelernt wird:
Das Kind plant und probiert Lösungswege.

Lernimpuls 54: Tanzmuster

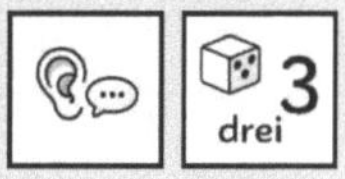

Aktivierung:
Führe ein Tanzmuster aus: Schritt vor – Schritt zurück – Schritt vor – Schritt zurück. Wiederhole es mehrmals.

Erweiterung:
Verändere dein Tanzmuster: Erfinde ein eigenes Tanzmuster mit verschiedenen Bewegungen. Verlängere dein Muster. Baue eine regelmäßige Wiederholung ein.

Was dabei gelernt wird:
Das Kind erlebt Muster mit dem Körper und erkennt Regeln.

Formen erkennen und Räume erkunden (Raum & Form)

(geometrische Formen erkennen, beschreiben, bauen)

Didaktische Einordnung:

Kinder erkunden geometrische Formen zunächst handelnd und visuell. Durch Bauen, Legen, Falten oder Zeichnen entwickeln sie ein Gefühl für Formen, Lagebeziehungen und Muster. Sprache spielt dabei eine wichtige Rolle: Kinder lernen, Formen zu beschreiben, Gemeinsamkeiten zu erkennen und räumliche Beziehungen zu benennen.

Lernimpuls 55: Formensammler

Aktivierung:
Sammle 6 runde Dinge und 6 eckige Dinge (rund wie ein Ball, eckig wie ein Würfel oder Buch).

Erweiterung:
Finde je 2 Dinge, bei denen du dir nicht sicher bist: rund oder eckig? Erkläre warum.

Was dabei gelernt wird:
Das Kind erkennt Formen und denkt über Eigenschaften nach.

Lernimpuls 56: Formensucher

Aktivierung:
Finde zu Hause 5 runde, 5 eckige und 5 dreieckige Dinge.

Erweiterung:
Finde ein Ding mit vielen Ecken.

Was dabei gelernt wird:
Das Kind erkennt Formen und benennt sie.

Lernimpuls 57: Formen legen

Aktivierung:
Lege mit einer Schnur (oder Gürtel) ein Rechteck.

Erweiterung:
Lege auch ein Dreieck oder ein Quadrat.

Was dabei gelernt wird:
Das Kind erkundet Formeigenschaften handelnd.

Lernimpuls 58: Figuren bauen

Aktivierung:
Nimm ein paar Stifte oder Zahnstocher. Lege damit ein Dreieck und ein Viereck.

Erweiterung:
Baue eine „Stadt aus Formen“: Leg viele Dreiecke und Vierecke nebeneinander. So können Häuser und Türme entstehen.

Was dabei gelernt wird:
Das Kind übt Geometrie und räumliches Denken.

Lernimpuls 59: Geheime Formen

Aktivierung:
Schau dich um: Welche Dinge sind „geheime Formen“? Beispiel: Fenster = Rechteck.

Erweiterung:
Zeichne 3 Formen, die du gefunden hast.

Was dabei gelernt wird:
Das Kind erkennt Formen in der Umwelt und kann sie darstellen.

Lernimpuls 60: Formenhäuser

Aktivierung:
Baue Häuser mit Bauklötzen, die verschiedene Formen enthalten.

Erweiterung:
Baue eine ganze Stadt aus mehreren Häusern.

Was dabei gelernt wird:
Das Kind kombiniert Formen und denkt räumlich.

Lernimpuls 61: Formen schneiden

Aktivierung:
Schneide (oder reiße) Papier in verschiedene Formen (Dreiecke, Kreise, Rechtecke).

Erweiterung:
Lege daraus ein Bild zusammen (z. B. ein Haus, ein Tier, eine Blume).

Was dabei gelernt wird:
Das Kind verändert Formen und setzt Teile neu zusammen.

Lernimpuls 62: Symmetrie

Aktivierung:
Finde 3 symmetrische Dinge (z. B. Schmetterling, Fenster).

Erweiterung:
Lege ein eigenes symmetrisches Muster.

Was dabei gelernt wird:
Das Kind erkennt Spiegelbilder und Symmetrie.

Lernimpuls 63: Linien und Winkel

Aktivierung:
Lege mit Stiften Linien, die sich schneiden – und Linien, die sich nicht schneiden.

Erweiterung:
Beschreibe, wie sich die Linien schneiden.

Was dabei gelernt wird:
Das Kind entdeckt geometrische Beziehungen und lernt sie mit eigenen Worten zu beschreiben.

Lernimpuls 64: Kneteformen

Aktivierung:
Forme aus Knete einen runden und einen eckigen Gegenstand.

Erweiterung:
Baue eine Figur, die aus mindestens 3 Formen besteht.

Was dabei gelernt wird:
Das Kind gestaltet dreidimensional und vergleicht Formen.

Lernimpuls 65: Formenjäger

Aktivierung:
Gehe im Zimmer auf Formenjagd: Finde etwas Rundes, etwas Eckiges und etwas Rechteckiges.

Erweiterung:
Mach einen kleinen Spaziergang. Welche Formen entdeckst du draußen?

Was dabei gelernt wird:
Das Kind erkennt geometrische Formen in seiner unmittelbaren Umgebung und schärft den Blick für Strukturen.

Lernimpuls 66: Schattenformen

Aktivierung:
Halte verschiedene Gegenstände (z. B. Löffel, Bauklotz, Tasse) vor eine Lampe oder ans Fenster. Betrachte ihren Schatten. Welche Formen haben sie?

Erweiterung:
Versuche, mit den Händen Schattenformen zu machen. Kannst du ein Dreieck, ein Viereck oder einen Kreis formen?

Was dabei gelernt wird:
Das Kind erforscht die Beziehung zwischen Körpern und ihren zweidimensionalen Abbildern und experimentiert mit Licht und Schatten.

Lernimpuls 67: Bauen nach Plan

Aktivierung:
Baue mit Bauklötzen ein Haus und mache davon eine Skizze.

Erweiterung:
Verändere deinen Bauplan: Zeichne einen genaueren Bauplan mit mehreren Ansichten (z. B. von vorne und von oben). Ergänze Maße oder zähle die benötigten Bauklötze. Baue dein Haus noch einmal genau nach deinem Plan. Überprüfe, ob dein Bauplan zu deinem Bauwerk passt.

Was dabei gelernt wird:
Das Kind übersetzt zweidimensionale Darstellungen in dreidimensionale Bauwerke und schult das räumliche Vorstellungsvermögen.

Lernimpuls 68: Formen im Spiegel

Aktivierung:
Lege vor einen Spiegel ein einfaches Muster aus Formen (z. B. Kreis – Dreieck – Kreis). Betrachte das Spiegelbild.

Erweiterung:
Baue dein Muster jetzt so, dass der Spiegel die zweite Hälfte ergänzt.

Was dabei gelernt wird:
Das Kind erkundet spielerisch Symmetrie und Spiegelung und erkennt Gesetzmäßigkeiten der Spiegelbilder.

Lernimpuls 69: Versteckte Formen

Aktivierung:
Suche in einem bunten Bild (z. B. in einem Wimmelbuch) nach versteckten Formen: Wo siehst du Dreiecke? Wo findest du Kreise?

Erweiterung:
Male ein eigenes Bild, in dem du verschiedene Formen versteckst. Achte darauf, dass die Formen gut erkennbar sind. Notiere, welche Formen du versteckt hast. Überprüfe dein Bild: Sind alle Formen wiederzufinden?

Was dabei gelernt wird:
Das Kind analysiert komplexere Bilder, isoliert geometrische Grundformen und schult die visuelle Wahrnehmung.

Daten sammeln und vergleichen (Daten & Zufall)

(Daten sammeln, ordnen, darstellen und vergleichen)

Didaktische Einordnung:

Kinder lernen früh, Informationen aus ihrer Umwelt zu sammeln und miteinander zu vergleichen. Durch einfache Umfragen, Beobachtungen oder Sammelaufgaben erfahren sie, wie Daten geordnet und dargestellt werden können. Dabei entwickeln sie ein erstes Verständnis dafür, wie Unterschiede, Häufigkeiten und einfache Zusammenhänge sichtbar gemacht und besprochen werden können.

Lernimpuls 70: Was fehlt?

Aktivierung:
Lege 5 Dinge hin. Schau sie dir gut an. Drehe dich kurz um oder schließe die Augen. Nimm selbst 1 Ding weg. Was fehlt?

Erweiterung:
Verändere die Aufgabe: Lege 8 oder 10 Dinge hin. Nimm mit geschlossenen Augen 1 oder 2 Dinge weg. Überprüfe, ob du genau sagen kannst, was fehlt. Zeichne oder notiere die Dinge vorher, um dich besser zu erinnern.

Was dabei gelernt wird:
Das Kind schaut genau hin, merkt sich die Anordnung und findet mit Nachdenken die Lösung.

Lernimpuls 71: Knobeln

Aktivierung:
Lege 4 Stifte zu einem Quadrat. Verändere die Lage eines Stiftes: Was passiert alles?

Erweiterung:
Erfinde weitere Formen, die du mit Stiften legen kannst.

Was dabei gelernt wird:
Das Kind übt kreatives Denken, genaues Beobachten und Problemlösen.

Lernimpuls 72: Ausgefallene Stunden

3 drei

Aktivierung:
Lege für jeden Schultag, an dem einzelne Unterrichtsstunden ausgefallen sind, einen Stein in eine Schale. Welcher Wochentag hat die meisten Steine?

Erweiterung:
Mach das zwei Schulwochen lang. Vergleiche: Welche Woche hatte mehr Unterrichtsausfall?

Was dabei gelernt wird:
Das Kind sammelt erste Daten, zählt und vergleicht einfache Mengen im Zeitverlauf.

Lernimpuls 73: Sammeln und sortieren

3 drei

Aktivierung:
Sammle 10 bunte Bausteine oder Blätter. Sortiere sie nach Farben.

Erweiterung:
Zähle, wie viele Dinge es von jeder Farbe gibt. Lege sie dann in eine Reihe: Zuerst die Farbe mit den meisten Dingen, zum Schluss die Farbe mit den wenigsten.

Was dabei gelernt wird:
Das Kind lernt, Dinge nach einem Merkmal (zum Beispiel Farbe) zu ordnen. Es zählt die Mengen genau und vergleicht, wo es mehr, weniger oder gleich viele Dinge gibt.

Lernimpuls 74: Was ist dein Lieblingsobst?

3 drei

Aktivierung:
Frage drei Personen: „Was isst du lieber: Apfel, Banane oder Birne?" Male Apfel, Birne und Banane. Mache für jede Antwort einen Strich.

Erweiterung:
Frage fünf Personen. Welches Obst gewinnt? Zeichne ein einfaches Bild, um das Ergebnis zu zeigen.

Was dabei gelernt wird:
Das Kind erhebt selbst Daten, dokumentiert Strichlisten und vergleicht Ergebnisse.

Lernimpuls 75: Wetter beobachten

Aktivierung:
Male jeden Tag ein Symbol für das Wetter in einen Kalender: Sonne, Wolke oder Regen.

Erweiterung:
Schau nach einer Woche: Was war am häufigsten? War es öfter sonnig oder regnerisch?

Was dabei gelernt wird:
Das Kind dokumentiert regelmäßig Daten und zieht einfache Schlüsse aus der Datensammlung.

Lernimpuls 76: Wer ist größer?

Aktivierung:
Miss mit einer Schnur die Größe von drei Kuscheltieren. Welches ist das größte?

Erweiterung:
Ordne sie der Größe nach. Mach dasselbe mit drei Freunden oder Familienmitgliedern.

Was dabei gelernt wird:
Das Kind vergleicht Messdaten und ordnet Objekte nach einem Kriterium.

Lernimpuls 77: Schulweg-Umfrage

Aktivierung:
Frage in deiner Klasse: Wer kommt zu Fuß, mit dem Fahrrad oder mit dem Auto? Male für jeden ein Symbol.

Erweiterung:
Zähle zusammen: Welches Verkehrsmittel wird am meisten genutzt?

Was dabei gelernt wird:
Das Kind erfasst Daten einer Gruppe, visualisiert sie und wertet sie aus.

Lernimpuls 78: Tier-Sammelbild

Aktivierung:
Such in einem Buch oder draußen nach Tieren. Male jedes Tier, das du siehst, auf einen kleinen Zettel.

Erweiterung:
Lege die Bilder in drei Gruppen: Tiere, die fliegen. Tiere, die laufen. Tiere, die schwimmen. Zähle die Tiere in jeder Gruppe. In welcher Gruppe sind die meisten Tiere?

Was dabei gelernt wird:
Das Kategorisieren, Zählen und Vergleichen von gesammelten Informationen.

Lernimpuls 79: Geburtstagsmonate

Aktivierung:
Erstelle ein Blatt mit 12 Feldern, eines für jeden der 12 Monate. Frage in deiner Familie oder in der Klasse: In welchem Monat hast du Geburtstag? Male dafür einen Smiley in das entsprechende Feld.

Erweiterung:
Zähle: Welcher Monat hat die meisten Geburtstage? Welcher hat keinen?

Was dabei gelernt wird:
Das Kind erstellt eine einfache Häufigkeitsübersicht und vergleicht Monatsdaten.

Lernimpuls 80: Knöpfe vergleichen

Aktivierung:
Zähle die Knöpfe an deiner Jacke und an der Jacke eines Freundes oder einer Freundin. Wer hat mehr?

Erweiterung:
Vergleiche mehrere Kleidungsstücke: Welches hat die meisten Knöpfe? Welches hat gar keine?

Was dabei gelernt wird:
Das Kind sammelt Daten durch Zählen, vergleicht sie und bildet Rangfolgen.

4.3 Individuelle Lernimpulse für prozessbezogene Kompetenzen

Prozessbezogene Kompetenzen bewusst fördern – professionelle Verantwortung im Ganztag

Mathematisches Lernen erschöpft sich nicht im Rechnen.

Es geht nicht nur darum, Aufgaben richtig zu lösen.

Es geht darum, wie Kinder denken, sprechen, begründen, darstellen und handeln.

Die prozessbezogenen Kompetenzen – Argumentieren, Kommunizieren, Probleme lösen, Modellieren, Präsentieren und Mit Werkzeugen arbeiten – bilden das Fundament nachhaltigen Lernens. Sie entscheiden darüber, ob Kinder Mathematik verstehen oder nur anwenden. Ob sie selbstständig denken oder nur nachahmen. Ob sie Zusammenhänge durchdringen oder lediglich Ergebnisse produzieren.

Hier liegt eine zentrale professionelle Verantwortung der Lehrkräfte:

- Lerngelegenheiten so zu gestalten, dass Kinder denken müssen.
- Gesprächsräume zu öffnen, in denen Kinder ihre Vorstellungen sprachlich klären können.
- Materialien gezielt einzusetzen, damit aus Handlungen Einsichten entstehen.
- Aufgaben so auszuwählen, dass sie herausfordern, aber nicht überfordern.

Gerade im Ganztag eröffnet sich dafür ein besonderer Raum.

Der Ganztag darf nicht zur verlängerten Übungszeit oder bloßen Hausaufgabenbetreuung werden. Er bietet vielmehr die Chance, Lernprozesse zu vertiefen, zu verlangsamen und in kooperativen Settings weiterzuführen. In heterogen zusammengesetzten Gruppen können Kinder voneinander lernen: Sie vergleichen Strategien, erklären sich gegenseitig Vorgehensweisen und entwickeln gemeinsam Lösungen. Unterschiedliche Denkwege werden sichtbar – und damit wertvoll.

Aktivierendes Lernen im Ganztag entfaltet seine Qualität nur dann, wenn es fachlich gerahmt ist.

Lehrkräfte tragen die Verantwortung,

- geeignete Lernimpulse auszuwählen,
- die mathematische Idee hinter dem Lernimpuls transparent zu machen,
- Rückmeldungen aus der Arbeit im Ganztag in den Unterricht zurückzuführen
- und so Vormittag und Nachmittag zu einem gemeinsamen Lernraum zu verbinden.

Prozessbezogene Kompetenzen entwickeln sich nicht zufällig. Sie wachsen dort, wo Kinder ermutigt werden zu erklären, zu prüfen, zu hinterfragen, zu modellieren und darzustellen. Sie wachsen dort, wo Materialien nicht nur benutzt, sondern reflektiert werden. Und sie wachsen dort, wo Erwachsene aufmerksam begleiten, ohne vorschnell Lösungen vorzugeben.

Die folgende Übersicht zeigt, wie die einzelnen Lernimpulse gezielt zur Förderung dieser Kompetenzen beitragen können. Sie macht sichtbar: Jeder Lernimpuls ist mehr als eine Aufgabe. Er ist eine Einladung zum Denken, zum Sprechen und zum gemeinsamen Lernen.

Damit wird der Ganztag zu einem eigenständigen Bildungsraum - getragen von professioneller Verantwortung, fachlicher Klarheit und dem gemeinsamen Ziel, Kinder zum selbstständigen Denken anzuleiten.

Argumentieren
(begründen, prüfen, vergleichen, entscheiden)

Didaktische Einordnung:

Argumentieren bedeutet im Anfangsunterricht nicht, formale Beweise zu erbringen, sondern das sprachliche Begründen von Entscheidungen („Warum hast du so sortiert?“). Kinder lernen, mathematische Aussagen zu prüfen und Vergleiche nachvollziehbar zu erklären.

Lernimpuls 5: Finger-Zahlen

Lernimpuls 8: Sortierprofi

Lernimpuls 9: Lieblingszahl

Lernimpuls 11: Mengenvergleicher

Lernimpuls 23: Größenvergleich

Lernimpuls 24: Gleich groß?

Lernimpuls 25: Turmvergleich

Lernimpuls 26: Handmaß

Lernimpuls 27: Schätzmeister

Lernimpuls 28: Längenprüfer

Lernimpuls 29: Schrittmesser

Lernimpuls 31: Körpermaße

Lernimpuls 32: Gewichtsvergleich

Lernimpuls 33: Uhrzeit schätzen

Lernimpuls 34: Vergleichslängen

Lernimpuls 35: Längenschätzung

Lernimpuls 38: Genau messen

Lernimpuls 40: Farbensortierer

Lernimpuls 42: Muster entdecken

Lernimpuls 43: Farbmuster

Lernimpuls 44: Sortierkünstler

Lernimpuls 49: Muster mit Naturmaterialien

Lernimpuls 52: Kürzester Weg

Lernimpuls 55: Formensammler

Lernimpuls 57: Formen legen

Lernimpuls 62: Symmetrie

Lernimpuls 63: Linien und Winkel

Lernimpuls 68: Formen im Spiegel

Lernimpuls 69: Versteckte Formen

Lernimpuls 70: Was fehlt?

Lernimpuls 72: Ausgefallene Stunden

Lernimpuls 73: Sammeln und sortieren

Lernimpuls 75: Wetter beobachten

Lernimpuls 76: Wer ist größer?

Lernimpuls 78: Tier-Sammelbild

Lernimpuls 79: Geburtstagsmonate

Lernimpuls 80: Knöpfe vergleichen

Kommunizieren
(erklären, zuhören, gemeinsam Lösungen entwickeln)

Didaktische Einordnung:

Mathematisches Lernen ist ein sozialer Prozess. Kinder entwickeln tragfähige Vorstellungen besonders dann, wenn sie Vorgehensweisen verbalisieren, vergleichen und gemeinsam reflektieren.

Lernimpuls 1: Zahlen-Entdecker

Lernimpuls 5: Finger-Zahlen

Lernimpuls 9: Lieblingszahl

Lernimpuls 17: Einkaufsspiel

Lernimpuls 21: Rechengeschichten

Lernimpuls 22: Alltagsrechnen

Lernimpuls 42: Muster entdecken

Lernimpuls 45: Klatschmuster

Lernimpuls 46: Perlenkette fortsetzen

Lernimpuls 47: Tiergeräusche-Muster

Lernimpuls 51: Muster im Alltag suchen

Lernimpuls 53: Labyrinth

Lernimpuls 54: Tanzmuster

Lernimpuls 56: Formensucher

Lernimpuls 63: Linien und Winkel

Lernimpuls 74: Was ist dein Lieblingsobst?

Lernimpuls 77: Schulweg-Umfrage

Probleme lösen

(Strategien entwickeln, ausprobieren, überprüfen)

Didaktische Einordnung:

Problemlösen fördert strategisches Denken. Kinder lernen, Lösungswege zu planen, zu variieren und zu reflektieren. Entscheidend ist hier nicht Schnelligkeit, sondern das bewusste Entwickeln von Strategien.

Lernimpuls 6: Turmbauer

Lernimpuls 8: Sortierprofi

Lernimpuls 11: Mengenvergleicher

Lernimpuls 14: Wegnehmen

Lernimpuls 17: Einkaufsspiel

Lernimpuls 19: Bausteinaufgaben

Lernimpuls 20: Würfelrechnen

Lernimpuls 22: Alltagsrechnen

Lernimpuls 24: Gleich groß?

Lernimpuls 27: Schätzmeister

Lernimpuls 28: Längenprüfer

Lernimpuls 33: Uhrzeit schätzen

Lernimpuls 35: Längenschätzung

Lernimpuls 36: Waage bauen

Lernimpuls 39: Muster legen (Gegenstände)

Lernimpuls 40: Farbensortierer

Lernimpuls 41: Muster legen (Formen)

Lernimpuls 43: Farbmuster

Lernimpuls 44: Sortierkünstler

Lernimpuls 46: Perlenkette fortsetzen

Lernimpuls 47: Tiergeräusche-Muster

Lernimpuls 48: Bewegungsmuster

Lernimpuls 49: Muster mit Naturmaterialien

Lernimpuls 50: Zahlenmuster auf dem Zahlenstrahl

Lernimpuls 52: Kürzester Weg

Lernimpuls 53: Labyrinth

Lernimpuls 58: Figuren bauen

Lernimpuls 60: Formenhäuser

Lernimpuls 62: Symmetrie

Lernimpuls 64: Kneteformen

Lernimpuls 66: Schattenformen

Lernimpuls 67: Bauen nach Plan

Lernimpuls 68: Formen im Spiegel

Lernimpuls 69: Versteckte Formen

Lernimpuls 70: Was fehlt?

Lernimpuls 71: Knobeln

Lernimpuls 78: Tier-Sammelbild

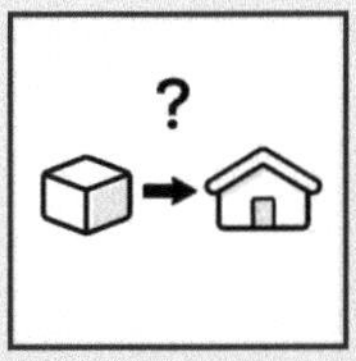

Modellieren

(Alltagssituationen mathematisch darstellen und bearbeiten)

Didaktische Einordnung:

Modellieren verbindet Lebenswelt und Mathematik. Kinder übersetzen reale Situationen in mathematische Darstellungen (z. B. Rechengeschichten, Tabellen, Messungen) und prüfen, ob die Ergebnisse zur Wirklichkeit passen.

Lernimpuls 1: Zahlen-Entdecker

Lernimpuls 2: Zahlen legen

Lernimpuls 3: Zahlenjäger

Lernimpuls 12: Tischdecken

Lernimpuls 14: Wegnehmen

Lernimpuls 15: Besteckrechnen

Lernimpuls 16: Springrechnen

Lernimpuls 17: Einkaufsspiel

Lernimpuls 18: Gegenstandsrechnen

Lernimpuls 21: Rechengeschichten

Lernimpuls 22: Alltagsrechnen

Lernimpuls 23: Größenvergleich

Lernimpuls 25: Turmvergleich

Lernimpuls 26: Handmaß

Lernimpuls 29: Schrittmesser

Lernimpuls 30: Füllstände

Lernimpuls 31: Körpermaße

Lernimpuls 34: Vergleichslängen

Lernimpuls 37: Gefäßvergleich

Lernimpuls 46: Perlenkette fortsetzen

Lernimpuls 51: Muster im Alltag suchen

Lernimpuls 55: Formensammler

Lernimpuls 56: Formensucher

Lernimpuls 59: Geheime Formen

Lernimpuls 65: Formenjäger

Lernimpuls 72: Ausgefallene Stunden

Lernimpuls 74: Was ist dein Lieblingsobst?

Lernimpuls 75: Wetter beobachten

Lernimpuls 77: Schulweg-Umfrage

Lernimpuls 79: Geburtstagsmonate

Präsentieren / Darstellungen verwenden

(zeigen, dokumentieren, Ergebnisse sichtbar machen)

Didaktische Einordnung:

Mathematische Erkenntnisse gewinnen an Tiefe, wenn sie dargestellt werden. Bilder, Plakate, Tabellen oder Modelle unterstützen das Verstehen und fördern sprachliche Durchdringung.

Lernimpuls 2: Zahlen legen

Lernimpuls 3: Zahlenjäger

Lernimpuls 4: Besteckzahlen

Lernimpuls 5: Finger-Zahlen

Lernimpuls 7: Zahlenhüpfen

Lernimpuls 10: Kreatives Zahlenschreiben

Lernimpuls 13: Würfel-Zeigen

Lernimpuls 15: Besteckrechnen

Lernimpuls 16: Springrechnen

Lernimpuls 19: Bausteinaufgaben

Lernimpuls 30: Füllstände

Lernimpuls 38: Genau messen

Lernimpuls 45: Klatschmuster

Lernimpuls 48: Bewegungsmuster

Lernimpuls 50: Zahlenmuster auf dem Zahlenstrahl

Lernimpuls 53: Labyrinth

Lernimpuls 54: Tanzmuster

Lernimpuls 57: Formen legen

Lernimpuls 59: Geheime Formen

Lernimpuls 61: Formen schneiden

Lernimpuls 64: Kneteformen

Lernimpuls 66: Schattenformen

Lernimpuls 67: Bauen nach Plan

Lernimpuls 68: Formen im Spiegel

Lernimpuls 69: Versteckte Formen

Lernimpuls 72: Ausgefallene Stunden

Lernimpuls 73: Sammeln und sortieren

Lernimpuls 74: Was ist dein Lieblingsobst?

Lernimpuls 75: Wetter beobachten

Lernimpuls 76: Wer ist größer?

Lernimpuls 77: Schulweg-Umfrage

Lernimpuls 78: Tier-Sammelbild

Lernimpuls 79: Geburtstagsmonate

Lernimpuls 80: Knöpfe vergleichen

Mit Werkzeugen arbeiten

(Material nutzen, messen, bauen, legen, handelnd erkunden)

Didaktische Einordnung:

Handlungsorientierung ist im Anfangsunterricht zentral. Werkzeuge (Würfel, Messgeräte, Bausteine, Naturmaterialien etc.) ermöglichen Erfahrungslernen und bilden die Grundlage für abstraktere Denkprozesse.

Lernimpuls 1: Zahlen-Entdecker

Lernimpuls 2: Zahlen legen

Lernimpuls 4: Besteckzahlen

Lernimpuls 6: Turmbauer

Lernimpuls 7: Zahlenhüpfen

Lernimpuls 8: Sortierprofi

Lernimpuls 10: Kreatives Zahlenschreiben

Lernimpuls 12: Tischdecken

Lernimpuls 13: Würfel-Zeigen

Lernimpuls 15: Besteckrechnen

Lernimpuls 17: Einkaufsspiel

Lernimpuls 18: Gegenstandsrechnen

Lernimpuls 19: Bausteinaufgaben

Lernimpuls 20: Würfelrechnen

Lernimpuls 21: Rechengeschichten

Lernimpuls 25: Turmvergleich

Lernimpuls 27: Schätzmeister

Lernimpuls 28: Längenprüfer

Lernimpuls 29: Schrittmesser

Lernimpuls 31: Körpermaße

Lernimpuls 32: Gewichtsvergleich

Lernimpuls 36: Waage bauen

Lernimpuls 37: Gefäßvergleich

Lernimpuls 38: Genau messen

Lernimpuls 39: Muster legen (Gegenstände)

Lernimpuls 41: Muster legen (Formen)

Lernimpuls 44: Sortierkünstler

Lernimpuls 49: Muster mit Naturmaterialien

Lernimpuls 52: Kürzester Weg

Lernimpuls 55: Formensammler

Lernimpuls 57: Formen legen

Lernimpuls 58: Figuren bauen

Lernimpuls 60: Formenhäuser

Lernimpuls 61: Formen schneiden

Lernimpuls 64: Kneteformen

Lernimpuls 66: Schattenformen

Lernimpuls 67: Bauen nach Plan

Lernimpuls 71: Knobeln

Lernimpuls 76: Wer ist größer?

Lernimpuls 79: Geburtstagsmonate

Lernimpuls 80: Knöpfe vergleichen

5 Lernimpulse für (Tisch-)Gruppenarbeit

5.1 Orientierung für die Arbeit mit Gruppenimpulsen

Lernen ist heute mehr denn je ein gemeinsamer Prozess. Kinder lernen nicht nur durch Zuhören und Üben, sondern vor allem durch Austausch, gemeinsames Nachdenken, Erklären und Ausprobieren. Gruppenarbeit spielt deshalb eine zentrale Rolle – im Unterricht ebenso wie in den Lernzeiten des Ganztags.

Gut gestaltete Gruppenarbeit eröffnet besondere Chancen: Kinder sprechen über ihre Lösungswege, vergleichen Strategien und entdecken Gemeinsamkeiten und Unterschiede. Sie lernen, ihre Gedanken verständlich zu formulieren, anderen zuzuhören und gemeinsam Entscheidungen zu treffen. So werden fachliche Kompetenzen vertieft und zugleich wichtige Fähigkeiten wie Argumentieren, Kommunizieren und Problemlösen gestärkt.

Die Lernimpulse in diesem Kapitel sind so angelegt, dass alle Kinder einen Zugang finden – über Material und Handlung, über Sprache und Austausch oder über Bilder und Darstellungen. Jedes Kind kann sich entsprechend seiner Möglichkeiten einbringen. Lernen wird sichtbar, lebendig und für Sie als pädagogische Fachkraft gut beobachtbar.

Auch im Ganztag gewinnt diese Form des Lernens zunehmend an Bedeutung. Wenn Lernzeiten die klassischen Hausaufgaben ersetzen, entsteht ein eigenständiger Lernraum: Kinder arbeiten gemeinsam an durchdachten Aufgaben, statt isoliert Arbeitsblätter zu bearbeiten. Lernen wird dialogisch, aktiv und motivierend gestaltet. Der Ganztag wird so zu einem Raum für Üben, Vertiefen und Verstehen.

Die Gruppenimpulse lassen sich flexibel einsetzen – sowohl im Unterricht (z. B. in Tischgruppen oder kooperativen Lernphasen) als auch in pädagogisch begleiteten Lernzeiten des Ganztags. Sie fördern eigenständiges Denken, strukturierte Zusammenarbeit und fachliche Sicherheit.

Zwei Ordnungen – ein gemeinsames Ziel

Damit Sie die Gruppenimpulse gezielt auswählen können, sind sie in zwei Ordnungen entfaltet:

1. Nach inhaltsbezogenen Kompetenzbereichen (Kapitel 5.2):

Hier wählen Sie Impulse passend zu den Themen Ihres Unterrichts aus – zum Beispiel zum Zahlenraum, zu Größen oder zu geometrischen Formen.

2. Nach prozessbezogenen Kompetenzen (Kapitel 5.3):

Diese Perspektive richtet den Blick auf das Wie des Lernens. Sie können gezielt Schwerpunkte setzen, etwa: Argumentieren stärken. Kommunizieren fördern. Oder Problemlösen anregen.

So gestalten Sie Lernprozesse bewusst und unterstützen Kinder nachhaltig in ihrer Entwicklung, denn die prozessbezogenen Gruppenimpulse ermöglichen den Schülerinnen und Schülern:

- aktives und gemeinsames Lernen,
- vielfältige Zugänge für unterschiedliche Lernvoraussetzungen,
- die gezielte Förderung zentraler Kompetenzen,
- nachhaltiges Verstehen statt kurzfristigem Üben.

Damit schaffen Sie eine tragfähige Grundlage für erfolgreiches mathematisches Lernen – weit über einzelne Stunden hinaus.

Die Bedeutung heterogener Gruppen und Ihre Rolle als Fachkraft

Außerdem sei noch einmal darauf hingewiesen: Die Wirkung der Gruppenimpulse entfaltet sich besonders in bewusst zusammengesetzten, heterogenen Gruppen. Denn Kinder bringen unterschiedliche Stärken mit:

- einige rechnen sicher,
- andere erklären besonders verständlich,
- wieder andere arbeiten sorgfältig mit Material oder erkennen Muster.

In gemischten Gruppen lernen Kinder voneinander und miteinander. Sie unterstützen sich gegenseitig und entwickeln nebenbei wichtige soziale Fähigkeiten. Dabei geht es nicht um „stark“ oder „schwach“, sondern um unterschiedliche Zugänge, die sich sinnvoll ergänzen.

Dabei ist Ihre Rolle als pädagogische Fachkraft besonders gefordert – Sie gestalten den Rahmen für erfolgreiches Lernen:

- Sie begleiten die Lernprozesse aufmerksam und unterstützend.
- Sie achten darauf, ob die Kinder selbstgesteuert und eigenständig die Impulse auswählen können, die sie für die weitere Kompetenzentwicklung benötigen.
- Oder Sie schlagen den Gruppen passende Impulse vor – abgestimmt auf Inhalte und Lernziele.
- Sie achten auf eine sinnvolle Zusammensetzung der Gruppen.
- Sie geben Raum für Austausch, Denken und Reflexion.

Gerade im Ganztag ist zudem eine enge Zusammenarbeit aller Beteiligten wichtig. Lehrkräfte und pädagogische Mitarbeitende tragen gemeinsam Verantwortung für gelingende Lernzeiten.

Dabei verfolgt ihre Arbeit ein gemeinsames Ziel: Kinder sollen Mathematik verstehen, erleben und mit Freude lernen – gemeinsam, aktiv und selbstwirksam.

Die doppelte Ordnung der Impulse – nach Inhalten und nach Lernprozessen – unterstützt Sie dabei, dieses Ziel klar strukturiert und professionell umzusetzen.

5.2 Gruppenimpulse für inhaltsbezogene Kompetenzen

Bedeutung der Icons

Die folgenden Lernimpulse sind jeweils mit kleinen Icons versehen. An diesen Icons können Sie erkennen, welche prozessbezogenen Kompetenzen durch den jeweiligen Impuls zusätzlich gefördert werden. So behalten Sie nicht nur den mathematischen Inhalt im Blick, sondern auch die Denk-, Arbeits- und Kommunikationsprozesse der Kinder.

 Argumentieren (begründen, prüfen, entscheiden)

 Kommunizieren (erklären, zuhören, absprechen)

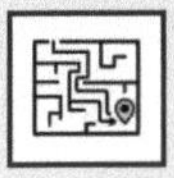 Probleme lösen (Strategien, Lösungen finden)

 Modellieren (Alltagssituationen mathematisch darstellen)

Präsentieren / Darstellungen verwenden (zeigen, darstellen, dokumentieren)

 Mit Werkzeugen arbeiten (Material nutzen, messen, bauen, legen)

Zahlen entdecken und verstehen (Zahl & Operation)

(Zahlen verstehen, darstellen, zerlegen, rechnen)

Didaktische Einordnung:

In der Gruppenarbeit entwickeln Kinder ihr Verständnis von Zahlen und Rechenstrategien im Austausch miteinander. Unterschiedliche Lösungswege werden sichtbar, erklärt und miteinander verglichen. Durch gemeinsames Legen, Rechnen und Diskutieren lernen Kinder, Zahlbeziehungen zu entdecken, Strategien zu begründen und voneinander zu lernen.

Impuls 1: Zahlen-Suchspiel

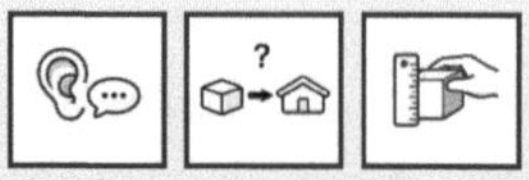

Aktivierung:
Setzt euch zusammen. Eine Person sagt eine Zahl von 1 bis 10. Ihr sucht im Raum Dinge, die es genau so oft gibt. Beispiel: „4" → 4 Stühle, 4 Fenster ...

Erweiterung:
Nehmt eine größere Zahl (zum Beispiel 12). Überlegt: Wie könnt ihr 12 zeigen (mit Fingern, Plättchen, Strichen ...)?

Was dabei gelernt wird:
Zahlen passen zu Mengen. Sich mit Zahlen über Mengen verständigen.

Impuls 2: Turmbau-Wettbewerb

Aktivierung:
Jede Person baut einen Turm mit genau 7 Bausteinen. Vergleicht: Welcher Turm steht am stabilsten? Sagt: Warum?

Erweiterung:
Baut zusammen einen Mega-Turm. Jede Person nimmt eine andere Zahl von 1 bis 10 Bausteinen. Am Ende zählt ihr alle Steine zusammen.

Was dabei gelernt wird:
Sicher zählen, genau bauen, vergleichen und begründen.

Impuls 3: Würfel-Rechenduell

Aktivierung:
Würfelt reihum mit 2 Würfeln. Nennt ganz schnell, wie viele Augen die beiden Würfel zusammen haben. Wer 3-mal hintereinander das richtige Ergebnis sagt, gewinnt.

Erweiterung:
Zieht die kleinere Augenzahl von der größeren Augenzahl ab. Wer ist hier dreimal hintereinander am schnellsten?

Was dabei gelernt wird:
Kopfrechnen: Plus und Minus, Spielregeln einhalten, Ergebnisse prüfen.

Impuls 4: Mit Gegenständen rechnen

Aktivierung:
Legt mit Bausteinen und Spielzeugautos Plus- und Minusaufgaben. Beispiel: 4 Bausteine + 3 Autos = 7. Zeigt eure Aufgabe der Gruppe. Erfindet weitere Aufgaben.

Erweiterung:
Findet Aufgaben mit dem Ergebnis 12. Wie viele verschiedene Aufgaben findet ihr, die das Ergebnis 12 haben?

Was dabei gelernt wird:
Mit Material rechnen, Rechenwege verstehen und gemeinsam Lösungen finden.

Impuls 5: Rechengeschichte-Theater

Aktivierung:
Denkt euch eine Rechengeschichte aus (z. B. „3 Vögel sitzen da. 2 fliegen weg."). Spielt sie ohne Worte. Die anderen raten die Aufgabe.

Erweiterung:
Malt die Geschichte und schreibt (oder legt) die Rechnung dazu. Zeigt sie der Klasse.

Was dabei gelernt wird:
Rechnen in Geschichten und Alltagssituationen, darstellen und erklären.

Impuls 6: Zahlen-Poster

Aktivierung:
Sucht in Zeitschriften Zahlen von 1 bis 10. Schneidet sie aus und klebt sie in der richtigen Reihenfolge auf ein Plakat.

Erweiterung:
Sucht auch Bilder von Mengen (z. B. 5 Ballons) und klebt sie zur passenden Zahl.

Was dabei gelernt wird:
Zahl und Menge passen zusammen, werden gemeinsam geordnet und gestaltet.

Impuls 7: Zahlenhäuser bauen

Aktivierung:

Baut oder malt ein Zahlenhaus, also ein Rechenhaus für Zahlen. Stellt euch das so vor: Oben im Dach steht eine Zahl. Das ist die Hauszahl, zum Beispiel 8. Unten in den Zimmern stehen zwei Zahlen. Die beiden Zahlen zusammen ergeben die Hauszahl. Findet heraus, wie viele Zahlenhäuser ihr bauen oder malen könnt, die die Hauszahl 8 haben.

Erweiterung:

Malt eine „Zahlenhaus-Straße“ für die 10: Findet alle Zerlegungen der 10. Malt noch ein drittes Zimmer dazu. Wie viele Möglichkeiten gibt es dann?

Was dabei gelernt wird:

Zahlen kann man auf viele Arten zerlegen. Das hilft beim Rechnen.

Impuls 8: Bündelungs-Meister

Aktivierung:

Legt viele kleine Dinge in die Mitte (zum Beispiel eine Handvoll Steine oder Perlen). Bildet schnell Haufen zu je 5.

Erweiterung:

Legt zwei Fünfer-Haufen zusammen. Was entsteht? Wie viele Zehner-Haufen könnt ihr machen?

Was dabei gelernt wird:

Bündeln (5er/10er) – das hilft später beim Rechnen.

Impuls 9: Zahlenreihe legen

Aktivierung:

Schneidet 20 Karten aus Zeichenkarton aus oder nehmt Karteikärtchen und schreibt die Zahlen 1–20 darauf. Mischt die Zahlenkarten. Legt sie gemeinsam in der richtigen Reihenfolge aus.

Erweiterung:

Jeder muss einmal die Augen schließen. Die anderen nehmen dann ein paar Karten weg. Wer kann die meisten fehlenden Zahlen benennen?

Was dabei gelernt wird:

Zahlenreihe bis 20 sicher kennen und Lücken erkennen.

Impuls 10: Nachbarzahl-Rallye

Aktivierung:
Eine Person sagt eine Zahl (2–19). Ihr sagt zusammen: Welche Zahl davor? Welche danach? Zeigt es mit Fingern.

Erweiterung:
Macht eine Stafette: Der Erste nennt eine Zahl zwischen 2 und 19. Der Zweite sagt die Zahl davor, der Dritte die Zahl danach. Dann geht es mit einer neuen Zahl weiter.

Was dabei gelernt wird:
Nachbarzahlen schnell finden und zusammenarbeiten.

Impuls 11: Einkaufslisten-Planer

Aktivierung:
Baut einen Mini-Laden mit vielen kleinen Gegenständen zu Preisen zwischen 1 und 5 Münzen. Plant zusammen einen Einkauf: „Wir kaufen …" Rechnet: Wie viel kostet alles?

Erweiterung:
Ihr habt genau 10 Münzen. Plant zwei verschiedene Einkäufe, für die ihr jeweils genau 10 Münzen bezahlen müsst.

Was dabei gelernt wird:
Rechnen im Alltag, gemeinsam entscheiden und planen.

Impuls 12: Bus-Fahrspiel

Aktivierung:
Stellt Stühle als Bus hin: 8 Plätze. Besetzt einige Plätze. Rechnet: Wie viele Plätze sind noch frei?

Erweiterung:
Nächste Haltestelle: 3 Fahrgäste steigen aus, 5 steigen ein. Rechnet: Reicht der Platz?

Was dabei gelernt wird:
Plus und Minus in einer Geschichte verstehen und lösen.

Impuls 13: „Stimmt's oder stimmt's nicht?"

Aktivierung:
Der Reihe nach sagt ein Kind einen Mathe-Satz, zum Beispiel: „5 ist mehr als 3." Es darf auch Quatsch sein, zum Beispiel: „Ein Quadrat ist immer rot." Das nächste Kind entscheidet: Stimmt das? Warum? Oder warum nicht? Danach kommt der nächste Satz – und so weiter.

Erweiterung:
Teilt euch in zwei Gruppen auf und stellt euch gegenseitig schwierige Aufgaben und Fragen.

Was dabei gelernt wird:
Prüfen, begründen, Mathe-Sprache nutzen.

Impuls 14: Fehler-Detektive

Aktivierung:
Schreibt 5 Plus- und Minus-Aufgaben auf ein Blatt, ein falsches Ergebnis baut ihr ein. Dann tauscht ihr die Blätter. Findet die Fehler und verbessert sie. Sagt: Warum ist die Aufgabe falsch?

Erweiterung:
Schreibt drei Aufgaben mit fünf Zahlen auf ein Blatt. In einer Aufgabe ist ein Fehler. Tauscht das Blatt mit einer anderen Gruppe und lasst sie den Fehler suchen und erklären, was falsch ist.

Was dabei gelernt wird:
Ergebnisse kontrollieren und Fehler erklären.

Impuls 15: Kassen-Dienst

Aktivierung:
Spielt Kiosk. Malt Preisschilder von 4 bis 10 Cent. Überlegt gemeinsam, wie man mit Münzen von 1, 2 und 5 Cent genau bezahlen kann?

Erweiterung:
Malt weitere Preisschilder bis 20 Cent. Bezahlt mit so wenigen Münzen wie möglich.

Was dabei gelernt wird:
Geld zerlegen, flexibel denken.

Impuls 16: Schatz-Suche

Aktivierung:
Malt Schätze für eine Schatzkiste und schreibt zu jedem Schatz einen Wert bis zu sieben Cent dazu. Ihr habt 15 Cent. Findet Schätze, die ihr kaufen könnt.

Erweiterung:
Findet eine Kombination, die genau 15 kostet. Gibt es mehrere Lösungen?

Was dabei gelernt wird:
Addieren, kombinieren, mit einem festen „Budget“ planen.

Impuls 17: Lernvideo-Experten

Aktivierung:
Wählt eine Mathe-Idee (z. B. Zerlegung der 5). Macht ein kurzes Erklär-Video (ca. 30 Sekunden).

Erweiterung:
Schaut Videos anderer Gruppen. Gebt Feedback: 1 Stern (gut) + 1 Wunsch (was noch besser geht).

Was dabei gelernt wird:
Erklären, zeigen, freundlich Rückmeldung geben.

Impuls 18: Mathe-Tagebuch (Gruppe)

Aktivierung:

Überlegt: „Das haben wir heute in Mathe gelernt." Malt oder schreibt einen Gruppen-Eintrag. Macht das eine Woche lang.

Erweiterung:

Schreibt Eure Fragen für morgen dazu. Was interessiert Euch an Mathe?

Was dabei gelernt wird:

Lernen merken, festhalten und weiterfragen.

Impuls 19: Rechenbild legen

Aktivierung:

Legt mit Naturmaterialien (zum Beispiel Steinen, Kastanien oder Blättern) ein Rechenbild. Legt links 4 Steine und rechts 3 Steine. Zählt alles zusammen. Welche Plusaufgabe passt? Welche Minusaufgabe passt?

Erweiterung:

Legt noch mehr Aufgaben mit den gleichen Zahlen: 2 + 5, 5 + 2, 7 – 2, 7 – 5.

Was dabei gelernt wird:

Plus und Minus gehören zusammen. Wenn man etwas legt und sieht, versteht man es besser.

Impuls 20: Aktions-Bilder malen

Aktivierung:

Malt zusammen Bilder zu Rechengeschichten (zum Beispiel: 3 Vögel kommen zu 2 Vögeln hinzu). Eine andere Gruppe rät die Aufgaben.

Erweiterung:

Malt zuerst ein Vorher-Bild, zum Beispiel: 6 Blumen auf der Wiese. Danach malt ihr ein Nachher-Bild: 2 Blumen sind gepflückt. Wie viele Blumen sind noch da? Lasst eine andere Gruppe raten, welche Rechenaufgabe in euren Bildern steckt. Malt mehrere Vorher-/Nachher-Bilder und lasst die Aufgaben erraten.

Was dabei gelernt wird:

Geschichten in Mathe übersetzen und mit Bildern erklären.

Impuls 21: Baustein-Stapel-Challenge

Aktivierung:

Stapelt 10 Bausteine zu einem Turm. Baut ihn um: immer 2 Bausteine nebeneinander. Zählt dabei in Zweierschritten, wie viele Steine ihr noch habt: 10, 8, 6, 4, 2, 0.

Erweiterung:

Baut eine Pyramide (4-3-2-1). Zählt alle Bausteine. Mehr oder weniger als beim Turm?

Was dabei gelernt wird:

Zählen in Schritten, vergleichen, bauen.

Impuls 22: Zielwurf mit Punkten

Aktivierung:

Nehmt einen Karton. Werft 5-mal mit einem kleinen Gegenstand. Treffer im Karton = 2 Punkte, außerhalb, aber den Karton berührt = 1 Punkt. Rechnet eure Gruppenpunkte zusammen.

Erweiterung:

Neue Regel: Man kann zwei Schritte näher zum Karton gehen, bekommt dann aber für jeden Treffer im Karton nur einen Punkt, bei Berührung keinen. Überlegt: Dichter herangehen oder riskieren?

Was dabei gelernt wird:

Addieren, Ergebnisse vergleichen, einfache Strategien planen.

Impuls 23: Mathe-Reporter

Aktivierung:

Interviewt euch: „Was ist deine Lieblingszahl?“ oder „Wie zerlegt man 6?“ Einer ist Reporter, einer antwortet.

Erweiterung:

Macht eine Mini-Reportage über Mathe-Probleme. Schreibt die Fragen, die nicht beantwortet werden konnten, auf und überlegt gemeinsam, wie die Antworten aussehen könnten.

Was dabei gelernt wird:

Mathe erklären, Fragen stellen, zuhören.

Impuls 24: Galerie der Zahlen

Aktivierung:
Jede Gruppe bekommt eine Zahl (1–10) und gestaltet dazu ein Plakat: Zahl als Ziffer, als Menge, als Fingerbild, als Würfelbild, als Zerlegung ... Die Gruppen nehmen gegenseitig zu den Plakaten Stellung.

Erweiterung:
Die Gruppe gestaltet gemeinsam ein Plakat für die Zahlen von 1 bis 10. Dabei wird jede Zahl anders dargestellt. Auch hier nehmen die Gruppen gegenseitig Stellung dazu, wie gut die Darstellungen gelungen sind.

Was dabei gelernt wird:
Zahlvorstellungen vielfältig zeigen und präsentieren; angemessene Rückmeldung geben.

Impuls 25: Planungs-Team

Aktivierung:
Macht ein Plakat mit Matheaufgaben. Bevor ihr startet: Sprecht kurz ab: Wer macht was? Welches Material braucht ihr? Wie lange arbeitet ihr? (2–3 Sätze oder ein Bild.) Lasst eine andere Gruppe die Aufgaben lösen.

Erweiterung:
Danach schaut ihr: Hat der Plan gepasst? Was macht ihr nächstes Mal anders?

Was dabei gelernt wird:
Planen, sich absprechen und über das Ergebnis nachdenken.

Impuls 26: Hilfskarten erstellen

Aktivierung:
Bastelt eine Hilfe-Karte: Zahlenreihe bis 20 oder Zerlegungen bis 10. Gestaltet sie klar und schön. Besprecht in der Gruppe, welche Karten am hilfreichsten sind.

Erweiterung:
Tauscht Karten mit einer anderen Gruppe und überprüft, ob die Zahlenreihe bis 20 überall korrekt ist und ob alle Zerlegungen bis 10 aufgeführt sind.

Was dabei gelernt wird:
Wissen ordnen, darstellen und anderen helfen.

Impuls 27: Zahlen-Laufspiel

Aktivierung:
Malt Zahlenkarten 1–10 und verteilt sie im Raum. Eine Person ruft eine Aufgabe („2+3“). Ihr lauft als Team zur richtigen Zahl.

Erweiterung:
Ruft auch Minusaufgaben oder „Doppelte“ („Doppelt 4“).

Was dabei gelernt wird:
Schnell rechnen, reagieren, gemeinsam entscheiden.

Impuls 28: Menschlicher Zahlenstrahl

Aktivierung:
Jede Person bekommt eine Zahl von 1 bis 10. Stellt euch in der richtigen Reihenfolge auf. Dann werden nacheinander Aufgaben gerufen: „Nachbarn der 7 einen Schritt nach vorne!“ „Alle größer als 5 hüpfen!“ Und so weiter ...

Erweiterung:
Eine Person tritt nach vorne und fragt: „Wer ergibt mit mir zusammen 9?“ Die passenden Partner finden sich.

Was dabei gelernt wird:
Zahlenbeziehungen (größer/kleiner, Nachbarn, Zerlegen) darstellen.

Größen vergleichen und messen (Größen & Messen)

(Längen, Zeiten, Gewichte, Geld u.a. vergleichen und messen)

Didaktische Einordnung:

Beim gemeinsamen Vergleichen, Schätzen und Messen entstehen viele Gesprächsanlässe. Kinder planen Messaufgaben zusammen, prüfen Ergebnisse und stimmen sich über Vorgehensweisen ab. Dabei lernen sie, Messstrategien zu entwickeln, Ergebnisse zu überprüfen und Größen gemeinsam zu ordnen und zu interpretieren.

Impuls 29: Körpermaße-Vergleich

Aktivierung:
Messt einen Tisch mit euren Handspannen. Jede Person misst. Schreibt die Zahlen auf.

Erweiterung:
Schätzt vorher: „Ich glaube, es sind ... Handspannen.“ Messt dann und vergleicht.

Was dabei gelernt wird:
Messen, schätzen, vergleichen – und verstehen, warum Ergebnisse verschieden sein können.

Impuls 30: Waage bauen

Aktivierung:
Baut eine Waage aus einem Kleiderbügel, an den ihr zwei Becher hängt. Wiegt kleine Dinge (Radiergummi, Steinchen ...). Nehmt Legosteine als Gegengewicht. Wie viele Legosteine braucht es, damit die Waage im Gleichgewicht ist?

Erweiterung:
Sortiert 5 Dinge nach gefühltem Gewicht von leicht bis schwer. Nutzt nun eure Waage um zu sehen, ob ihr richtig geschätzt habt.

Was dabei gelernt wird:
Gewicht vergleichen, ausprobieren, genau beobachten.

Impuls 31: Tagesablauf-Puzzle

Aktivierung:
Jede Person malt eine Tages-Aktion auf eine Karte (aufstehen, frühstücken ...). Mischt die Karten und legt sie in die richtige Reihenfolge.

Erweiterung:
Schreibt die Zeiten dazu: morgens – mittags – abends. Oder ihr malt zu jeder Aktion eine Uhr, die diese Zeit anzeigt.

Was dabei gelernt wird:
Reihenfolgen ordnen und Zeitbegriffe verstehen. Zeiten mit Ziffernblättern darstellen.

Impuls 32: Sanduhr-Challenge

Aktivierung:
Stellt eine Zeit ein, zum Beispiel zwei Minuten. Wie viele Türme aus 5 Klötzen schafft ihr als Gruppe in der Zeit? Zählt gemeinsam.

Erweiterung:
Wiederholt die Aufgabe in der gleichen Zeit. Aber jetzt plant ihr vorher: Wer macht was und wie macht ihr es. Könnt ihr mehr schaffen?

Was dabei gelernt wird:
Zeitgefühl, zählen, planen und zusammenarbeiten.

Impuls 33: Messen mit Schritten und Füßen

Aktivierung:

Geht zusammen einen kurzen Weg im Schulhaus oder auf dem Schulhof ab. Messt ihn in großen Schritten und Fuß vor Fuß. Wie viele Schritte oder Fußlängen braucht ihr jeweils?

Erweiterung:

Schätzt vorher: Wie viele Schritte werden es sein? Schreibt eure Schätzungen auf. Dann messt ihr und vergleicht. Wenn jeder den Weg gemessen hat, welche Messungen sind genauer: Mit Schritten oder Fuß vor Fuß?.

Was dabei gelernt wird:

Längen schätzen und messen mit eigenen Körpermaßen, vergleichen unterschiedlicher Maßeinheiten und gemeinsames Dokumentieren.

Impuls 34: Wassergläser-Füllwettbewerb

Aktivierung:

Füllt verschiedene Gefäße (z. B. Becher, Flaschen, Schüsseln) mit Wasser. Welches Gefäß fasst am meisten? Stellt sie der Reihe nach hin: von wenig bis viel.

Erweiterung:

Füllt zwei Gefäße mit kleinen Bechern ab: Wie viele kleine Becher passen in das kleine und wie viele in das große Gefäß? Notiert die Anzahl.

Was dabei gelernt wird:

Rauminhalte vergleichen und ordnen, erste Erfahrungen mit Messen durch Abfüllen und gemeinsames Begründen der Reihenfolge.

Impuls 35: Knete wiegen und teilen

Aktivierung:

Wiegt mit eurer selbst gebauten Kleiderbügel-Waage ein großes Stück Knete. Teilt es dann so, dass jede Person in der Gruppe gleich viel bekommt. Überprüft dann, ob wirklich jeder gleich viel bekommen hat.

Erweiterung:

Formt aus der Knete Tiere oder Figuren. Wiegt sie danach wieder. Hat sich das Gewicht verändert?

Was dabei gelernt wird:

Gewichtsmessung, gerechtes Aufteilen und Verstehen, dass Gewicht bei Formveränderung gleich bleibt (Masseerhaltung).

Impuls 36: Klassen-Postkasten

Aktivierung:
Bastelt gemeinsam einen Briefkasten für eure Klasse. Wie groß muss der Einwurf-Schlitz sein, damit ein normaler Brief hinein passt? Messt gemeinsam die Länge, Breite und Höhe eures Klassen-Postkastens mit Papierstreifen oder Fäden.

Erweiterung:
Faltet „Briefe“ in der passenden Größe. Passen sie genau hinein? Testet verschiedene Größen.

Was dabei gelernt wird:
Mehrdimensionale Messung (Länge, Breite, Höhe), kooperatives Arbeiten und praktische Anwendung der Messergebnisse.

Impuls 37: Geräusche-Länge-Vergleich

Aktivierung:
Eine Person macht ein langes Geräusch (z. B. Summen), eine andere ein kurzes. Messt die Dauer mit einer Sanduhr oder durch Zählen. Die langen Geräusche sollen immer gleich lang sein.

Erweiterung:
Einige machen die kurzen und langen Geräusche. Die anderen zeichnen die Geräusche als lange und kurze Linien auf ein Plakat. Lässt sich ein Muster erkennen?

Was dabei gelernt wird:
Zeitdauern vergleichen und darstellen, auditives und visuelles Verknüpfen von Zeit und Länge.

Impuls 38: Körpergrößen-Puzzle

Aktivierung:
Legt euch der Reihe nach auf den Boden – vom Kleinsten zum Größten. Messt mit einem Seil oder Bindfaden. Welche Gruppe ist zusammen am längsten?

Erweiterung:
Malt auf ein Blatt einen Papierstreifen, der zwei Finger breit ist. Das ist euer Muster-Streifen. Schneidet den Streifen aus. Jetzt macht jede Person aus eurer Gruppe einen eigenen Streifen: Ist jemand größer, wird der Streifen länger; ist jemand kleiner, wird der Streifen kürzer. Legt alle Streifen nebeneinande auf einen Tisch. Stimmt die Reihenfolge entsprechend eurer Größe?

Was dabei gelernt wird:
Körpergrößen vergleichen, ordnen und aufeinander beziehen.

Impuls 39: Schnell-Langsam-Laufen

Aktivierung:
Geht alle nacheinander langsam eine kurze Strecke. Versucht alle die gleiche Zeit einzuhalten. Messt mit einer Sanduhr.

Erweiterung:
Macht den Lauf nochmal, jetzt schneller. Schafft ihr es jetzt besser, die gleiche Zeit einzuhalten? Überlegt gemeinsam: Wie kann man es schaffen?

Was dabei gelernt wird:
Geschwindigkeit und Zeitdauer vergleichen, gemeinsam Strategien entwickeln.

Impuls 40: Bauklotz-Türme messen

Aktivierung:
Baut jeder einen Turm aus Bauklötzen. Messt: Welcher Turm ist am höchsten? Nutzt ein Lineal oder eine Schnur.

Erweiterung:
Baut gemeinsam einen Riesen-Turm. Wie viele Klötze hoch ist er? Zählt zusammen und vergleicht mit den einzeln gebauten Türmen.

Was dabei gelernt wird:
Höhen vergleichen, gemeinsam zählen und Messwerkzeuge nutzen.

Impuls 41: Wasser-Tropfen-Zählung

3 drei

Aktivierung:
Füllt einen Löffel mit Wasser. Lasst tropfen. Zählt gemeinsam: Wie viele Tropfen passen in den Löffel?

Erweiterung:
Vergleicht verschiedene Löffel: Welcher Löffel fasst mehr Tropfen?

Was dabei gelernt wird:
Flüssigkeitsmengen vergleichen durch Zählen, genau beobachten und dokumentieren.

Impuls 42: Papierflieger-Weiten

3 drei

Aktivierung:
Bastelt jeder einen Papierflieger. Werft sie nacheinander. Messt die Weite mit Schritten: Wie viele Schritte weit flog er?

Erweiterung:
Markiert die Weiten mit Kreide. Welcher Flieger flog am weitesten? Ordnet sie.

Was dabei gelernt wird:
Weiten messen mit Körpermaßen, vergleichen und Ergebnisse sichtbar machen.

Impuls 43: Knete-Kugel-Wettrollen

Aktivierung:
Formt alle eine Knete-Kugel. Baut eine kleine Rampe (mit einem Brett oder Karton) und lasst die Knete-Kugel hinunterrollen. Welche rollt am weitesten? Messt mit Füßen.

Erweiterung:
Macht die Kugeln mal schwerer (mehr Knete) oder leichter. Was ändert sich?

Was dabei gelernt wird:
Wirkung von Gewicht und Form testen, Weiten vergleichen und gemeinsam beobachten.

Impuls 44: Klassenraum-Uhr

Aktivierung:
Malt eine große Uhr und zeichnet ein, wie lange eine Unterrichtsstunde dauert. In einer anderen Farbe markiert ihr, wie lange eine Pause dauert.

Erweiterung:
Malt noch einmal eine große Uhr. Zeichnet nun ein, wie viele Stunden ihr in der Schule seid. Für eine Stunde malt ihr einen Kreis, für zwei Stunden malt ihr zwei Kreise – und so weiter. Wie könnt ihr eine halbe Stunde malen?

Was dabei gelernt wird:
Zeitabschnitte erkennen, strukturieren und im Team einen Plan entwerfen.

Muster erkennen und fortsetzen (Muster & Strukturen)

(Muster erkennen, beschreiben und fortsetzen)

Didaktische Einordnung:

In der Gruppenarbeit entdecken Kinder Muster häufig schneller und vielfältiger, weil verschiedene Ideen zusammenkommen. Beim gemeinsamen Legen, Bauen oder Zeichnen beschreiben sie Regelmäßigkeiten, diskutieren Fortsetzungen und überprüfen Vermutungen. So wird das Denken über Strukturen angeregt und mathematische Regelmäßigkeiten werden gemeinsam verstanden.

Impuls 45: Ringelschlange

Aktivierung:
Malt eine lange Schlange auf ein Plakat. Jetzt malt ihr der Reihe nach Ringel auf die Schlange: zuerst einen roten, dann einen blauen, dann einen grünen Ringel. Danach fangt ihr wieder von vorne an.

Erweiterung:
Malt jetzt noch eine zweite Schlange auf das Plakat. Diesmal malt ihr ein schwierigeres Muster. Nehmt mehr Farben. Achtet darauf: Das Muster soll sich immer gleich wiederholen und spätestens nach zehn Ringeln wieder von vorne anfangen.

Was dabei gelernt wird:
Muster erkennen, Regeln einhalten, logisch weiterdenken.

Impuls 46: Flaggen-Designer

Aktivierung:
Ihr habt 3 Farben. Malt so viele verschiedene Flaggen wie möglich, nur mit Streifen.

Erweiterung:
Findet noch weitere Möglichkeiten, mit den gleichen Farben unterschiedliche Flaggen zu gestalten.

Was dabei gelernt wird:
Systematisch probieren und Muster verändern.

Impuls 47: Code mit Formen

Aktivierung:
Macht euch einen Geheimcode, mit dem ihr Zahlen verschlüsseln könnt: Dreieck=1, Quadrat=2, Kreis=3. Verschlüsselt damit Zahlen, die die anderen erraten müssen.

Erweiterung:
Sucht noch weitere Formen, mit denen ihr die Zahlen von 0 bis 9 verschlüsseln könnt. Schreibt eure Geburtstage als Code. Eine andere Gruppe versucht, die Codes zu entschlüsseln.

Was dabei gelernt wird:
Zuordnen, Muster nutzen, genau arbeiten.

Impuls 48: Wachstums-Muster

Aktivierung:

Baut reihum einen Turm mit Bauklötzen. Startet mit 1 Klotz. Dann kommen in jeder Runde 2 Klötze dazu. Baut 4 Runden. Zählt in Runde 4, wie hoch der Turm geworden ist.

Erweiterung:

Baut den Turm nach einer neuen Regel: „Verdoppelt die Bausteine in jeder Runde". Wie hoch ist der Turm nach vier Runden geworden?

Was dabei gelernt wird:

Regeln erkennen, miteinander etwas nach Regeln bauen und Ergebnisse vergleichen.

Impuls 49: Geheime Botschaft entschlüsseln

Aktivierung:

Die folgenden Zeichen sind geheime Zahlen. .★ = 1, ◆ = 2, ● = 3. Schreibt damit Zahlen auf, die die anderen herausfinden müssen.

Erweiterung:

Erstellt mit diesem Code eine kleine Rechenkette und gebt sie einer anderen Gruppe, die das Ergebnis ausrechnen soll.

Was dabei gelernt wird:

Symbole verstehen, genau arbeiten, logisch denken.

Impuls 50: Geräusche-Kette

Aktivierung:

Setzt euch im Kreis. Eine Person macht ein Geräusch (z. B. klatschen). Die nächste Person wiederholt es und fügt ein neues hinzu. Baut so eine Geräusche-Kette. Wie viele Geräusche schafft ihr, bis jemand einen Fehler macht?

Erweiterung:

Jeder denkt sich ein Geräusch aus. Dann geht eine Person in die Mitte und „dirigiert" die Geräusche. Versucht dabei gleiche Geräuschfolgen aufzubauen.

Was dabei gelernt wird:

Abfolgen merken, zuhören, gemeinsam ein langes Muster aus Geräuschen bauen.

Impuls 51: Bauklotz-Turm-Muster

Aktivierung:

Baut aus Bauklötzen einen großen rot-weißen Turm. Das ist der Leuchtturm. Geht drei Schritte zurück. Baut dort einen kleineren Turm in anderen Farben. Haltet ein Auge zu und schaut von der Spitze des kleinen Turms zur Spitze des großen Turms. Was fällt Euch auf?

Erweiterung:

Baut einen dritten Turm genau in die Mitte zwischen die beiden anderen Türme. Alle drei Türme stehen in einer geraden Reihe. Baut den mittleren Turm so hoch, dass seine Spitze auf einer Linie zwischen der Spitze des kleinen und der Spitze des großen Turms liegt.

Was dabei gelernt wird:

Räumliche Zusammenhänge werden handelnd erkannt. Die Kinder erfahren, was größer und kleiner, Mitte, Reihe und „auf einer Linie liegen" bedeuten. Durch Bauen, Schauen und Vergleichen entwickelt sich räumliches Vorstellungsvermögen. Mathematische Begriffe werden nicht erklärt, sondern durch eigenes Tun verstanden.

Impuls 52: Bewegungs-Parcours

3 drei

Aktivierung:

Denkt euch eine Bewegungsfolge aus (z. B. hüpfen – drehen – klatschen). Eine Person macht die Bewegungen vor. Alle machen sie gemeinsam nach.

Erweiterung:

Baut die Bewegungsfolge länger. Oder teilt euch in Gruppen auf: Eine Gruppe zeigt die Bewegungsfolgen, die andere Gruppe macht sie nach.

Was dabei gelernt wird:

Bewegungsmuster erfinden, im Team absprechen und gemeinsam ausführen.

Impuls 53: Murmel-Bahn-Muster

Aktivierung:

Nehmt einen Plakatkarton und Pappstreifen. Klebt zwei Pappstreifen so auf, dass eine Murmel dazwischen rollen kann. Baut ein paar Kurven ein. Haltet den Karton ein bisschen schräg und lasst die Murmel durch die Bahn rollen.

Erweiterung:

Baut eine Bahn mit einem Muster: erst eine Linkskurve, dann eine Rechtskurve, dann wieder Linkskurve … Beobachtet, wie die Murmel jetzt läuft. Wie verändert sich die Laufbahn?

Was dabei gelernt wird:

Räumliche Muster erkennen, beim Bauen wiederholen und gemeinsam testen und über die Folgen nachdenken.

Impuls 54: Stempeldruck-Reihe

Aktivierung:
Jeder bastelt einen Kartoffelstempel mit einem Symbol. Stempelt abwechselnd auf einem langen Papierstreifen ein Muster (z. B. Kreis – Dreieck – Kreis ...).

Erweiterung:
Macht das Muster mit zwei verschiedenen Farben. Und erfindet ein Muster, das sich alle 4 Abdrücke wiederholt.

Was dabei gelernt wird:
Muster visuell festhalten, Reihenfolgen einhalten und gemeinsam ein Kunstwerk gestalten.

Impuls 55: Tier-Spuren-Folge

Aktivierung:
Malt oder klebt Bilder von Tier-Spuren (Pfoten, Hufe, Vogelfüße) in einer bestimmten Reihenfolge auf den Boden (z. B. Hund – Pferd – Hund – Pferd ...). Lauft der Spur nach. Was fällt Euch dabei auf?

Erweiterung:
Denkt euch neue Fantasiespuren aus. Die anderen müssen aus dem Spurenbild raten, wie viele Füße oder Pfoten das Tier hat.

Was dabei gelernt wird:
Muster mit Symbolen legen, Spuren lesen und im Team Rätsel lösen.

Impuls 56: Klang-Memory

Aktivierung:
Sammelt Gegenstände, die Geräusche machen (z. B. Löffel, Rassel, Papier). Eine Person macht eine Klangfolge (z. B. klirr – raschel – klirr). Die anderen machen sie nach. Wechselt das Tempo, langsamer und dann wieder schneller.

Erweiterung:
Versteckt einen der Gegenstände. Die anderen raten durch die Klangfolge, welcher es war.

Was dabei gelernt wird:
Auditive Muster erkennen, nachmachen und gemeinsam Rätsel lösen.

Impuls 57: Jahreszeiten-Reihe

Aktivierung:
Jede Gruppe malt ein Bild zu einer Jahreszeit. Hängt alle Bilder in der richtigen Reihenfolge auf: Frühling – Sommer – Herbst – Winter.

Erweiterung:
Fügt Monatsnamen oder typische Feste hinzu. Sprecht darüber, was sich wiederholt.

Was dabei gelernt wird:
Zyklische Muster (Jahreszeiten) erkennen, darstellen und im Team ordnen.

Formen erkennen und Räume erkunden (Raum & Form)

(geometrische Formen erkennen, beschreiben, bauen)

Didaktische Einordnung:

Beim gemeinsamen Bauen, Konstruieren oder Legen geometrischer Figuren müssen Kinder ihre Vorstellungen erklären und auf die Ideen anderer eingehen. Dadurch entstehen Gespräche über Formen, Lagebeziehungen und Eigenschaften. Die Gruppe unterstützt dabei, räumliche Vorstellungen zu entwickeln und unterschiedliche Lösungswege sichtbar zu machen.

Impuls 58: Formen-Forscherteam

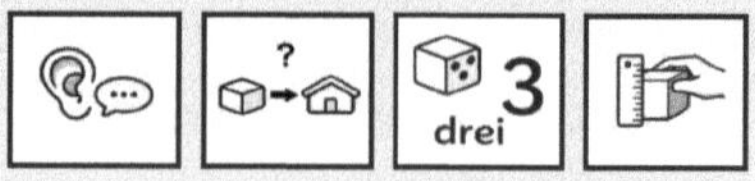

Aktivierung:
Sucht im Raum Dinge in Formen: Kreis, Quadrat, Dreieck, Rechteck. Macht zusammen eine Liste und tragt ein, wie oft es eine Form gibt.

Erweiterung:
Zeichnet fünf verschiedene Formen, schneidet sie aus und klebt sie zu lustigen Formen-Monstern auf ein Plakat.

Was dabei gelernt wird:
Formen erkennen und benennen, gemeinsam gestalten und zeigen.

Impuls 59: Knobel-Ecke

Aktivierung:

Legt 4 Stifte so hin, dass ein Quadrat entsteht. Wie viele Stifte müsst ihr mindestens umlegen, damit ein Dreieck entsteht?

Erweiterung:

Erfindet selbst eine Knobelaufgabe mit Material und lasst eine andere Gruppe die Aufgabe lösen.

Was dabei gelernt wird:

Räumlich denken, ausprobieren, Lösungen finden.

Impuls 60: Lego-Labyrinth

Aktivierung:

Baut mit Legos ein Labyrinth auf dem Tisch. Eine Murmel oder ein kleines Modellauto soll den Weg finden.

Erweiterung:

Baut ein Labyrinth mit 2 Wegen zum Ziel. Wie könnt ihr feststellen, welches der kürzere Weg ist?

Was dabei gelernt wird:

Planen, Wege vergleichen, gemeinsam entscheiden.

Impuls 61: Bauplan nachbauen

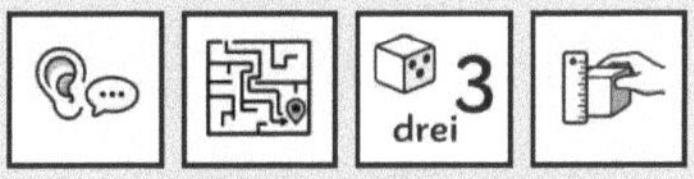

Aktivierung:

Eine Person baut hinter einem Sichtschutz ein Bauwerk (max. 6 Teile). Sie beschreibt es. Die anderen bauen nach – ohne zu schauen. Wer kann das Bauwerk am genauesten nachbauen?

Erweiterung:

Tauscht die Rollen. Jetzt zeichnet der „Architekt“ einen Plan. Die anderen bauen nach dem Plan.

Was dabei gelernt wird:

Genau beschreiben, gut zuhören, räumlich denken.

Impuls 62: Spiegel-Bilder

Aktivierung:
Klebt eine Linie als „Spiegel" auf den Tisch. Ein Kind legt auf einer Seite ein Muster. Ein anderes Kind legt es auf der anderen Seite gespiegelt nach.

Erweiterung:
Erklärt euch gegenseitig, was ein symmetrisches Muster ist. Findet verschiedene Beispiele für symmetrische Muster.

Was dabei gelernt wird:
Symmetrie erkennen und erklären.

Impuls 63: Würfel-Weg

Aktivierung:
Legt ein 5×5-Feld (25 Felder). Start in einer Ecke, Ziel ist die gegenüber liegende Ecke. Das Feld muss genau erreicht werden. Würfelt und zieht so viele Felder wie ihr Augen habt. Plant zusammen einen Weg zum Ziel.

Erweiterung:
Neue Regel: Ihr dürft nur gerade Zahlen nutzen. Schafft ihr es trotzdem?

Was dabei gelernt wird:
Planen, Wege finden, Regeln einhalten.

Impuls 64: Brücken-Bauer

Aktivierung:
Markiert mit Klebeband einen sehr breiten Fluss auf dem Fußboden. Ihr habt 6 „Brückensteine" (Teppichfliesen oder Papierblätter oder andere flache Gegenstände). Legt die Brückensteine so in den Fluss, dass daraus ein Weg entsteht. Geht nacheinander über die Steine auf die andere Seite. Dabei dürft ihr die Steine immer wieder aufheben und an einer anderen Stelle neu hinlegen. Alle Kinder sollen auf der anderen Seite ankommen. Außerdem dürfen keine Brückensteine mehr im Fluss liegen. Alle Steine müssen mit auf die andere Seite genommen werden.

Erweiterung:
Versucht, den Fluss mit vier Steinen zu überqueren. Wo liegen die Probleme?

Was dabei gelernt wird:
Planen, gemeinsam Lösungen finden, Regeln beachten.

Impuls 65: Klatsch-Kreis-Muster

Aktivierung:
Setzt euch in einen Kreis. Eine Person fängt an: Sie macht ein Klatschmuster (z. B. klatsch – klatsch – Pause). Die nächste Person macht es nach und fügt etwas Neues hinzu.

Erweiterung:
Versucht, das Muster rückwärts weiterzugeben. Oder macht es mit zwei Klängen (klatschen + stampfen).

Was dabei gelernt wird:
Muster hören, nachmachen, erweitern und im Team weitergeben.

Impuls 66: Farben-Weg legen

Aktivierung:
Jede Person bekommt 4 Bauplättchen in einer Farbe. Legt abwechselnd ein Plättchen und baut gemeinsam einen farbigen Weg mit einem Muster (z. B. rot-blau-rot-blau).

Erweiterung:
Legt Regeln fest: Nur jede zweite Farbe darf doppelt liegen. Oder: Ihr müsst ein Dreier-Muster einbauen (z. B. rot-gelb-blau).

Was dabei gelernt wird:
Gemeinsam ein Muster aufbauen, Regeln einhalten und Farbfolgen planen.

Impuls 67: Tier-Reihe

Aktivierung:
In einer Gruppe denkt sich jede Person ein Tier aus. Stellt euch in einer Reihe auf. Nacheinander macht jeder den Laut seines Tieres. Die andere Gruppe beobachtet. Dann gehen alle durcheinander und machen weiter ihre Tierlaute. Die Aufgabe der zweiten Gruppe ist es, die ursprüngliche Reihenfolge wieder herzustellen.

Erweiterung:
Eine Person geht aus dem Raum. Die anderen ändern heimlich die Reihenfolge. Kann die Person, wenn sie wieder hereinkommt, herausfinden, was sich verändert hat?

Was dabei gelernt wird:
Abfolgen merken, wiederholen, Veränderungen erkennen und im Team Rätsel lösen.

Daten sammeln und vergleichen (Daten & Zufall)

(Daten sammeln, ordnen, darstellen und vergleichen)

Didaktische Einordnung:

Gruppen bieten gute Möglichkeiten, Daten gemeinsam zu sammeln und auszuwerten. Kinder führen kleine Umfragen durch, vergleichen Ergebnisse und erstellen gemeinsam einfache Darstellungen. Dabei lernen sie, Informationen zu ordnen, Unterschiede zu erkennen und Ergebnisse verständlich zu präsentieren.

Impuls 68: Lieblingsfarben-Diagramm

Aktivierung:

Fragt euch gegenseitig: „Welche Farbe magst du am liebsten?" Für jede Stimme malt ihr einen Punkt in dieser Farbe auf ein Blatt.

Erweiterung:

Zählt die Punkte. Welche Farbe hat gewonnen? Malt eine „Sieger-Krone" oder einen großen Kreis für die Siegerfarbe.

Was dabei gelernt wird:

Daten sammeln, darstellen und vergleichen.

Impuls 69: Schuhe sortieren

Aktivierung:

Schaut eure Schuhe an. Sortiert nach einer Regel (Klett/Schnürung, Farbe ...). Zählt, wie viele Schuhe es von jeder Art gibt.

Erweiterung:

Macht eine Strichliste und besprecht mit den anderen, wie man so eine Liste liest.

Was dabei gelernt wird:

Sortieren, zählen, Daten festhalten und erklären.

Impuls 70: Würfel-Prognose

Aktivierung:

Würfelt 20-mal. Macht eine Strichliste für jede Augenzahl. Tippt vorher: Welche Zahl kommt am häufigsten?

Erweiterung:

Vergleicht eure Liste mit einer anderen Gruppe. Ist es ähnlich? Warum könnte das so sein?

Was dabei gelernt wird:

Zufall erleben, zählen, Strichlisten lesen und vergleichen.

Impuls 71: Geheimtüte mit Farben

Aktivierung:
In einem Beutel sind 10 Steine in zwei Farben (zum Beispiel 7 rote, 3 blaue Steine). Zieht 15-mal: ansehen, zeigen, zurücklegen. Welche Farbe kommt öfter?

Erweiterung:
Ändert den Inhalt des Beutels (z. B. 9 rote Steine und nur 1 blauer Stein). Merkt ihr den Unterschied schneller?

Was dabei gelernt wird:
Vermuten, beobachten, nachzählen, über Zufall sprechen.

Impuls 72: Sortier-Maschine

Aktivierung:
Baut aus mehreren Kartons eine Sortier-Maschine. Jeder Karton bekommt ein anderes Loch: ein rundes Loch, ein großes Loch oder einen schmalen Schlitz. Überlegt euch eine Sortier-Regel, zum Beispiel: Alle roten Dinge kommen in einen Karton, blaue in einen anderen. Oder: große, kleine, runde oder eckige Dinge kommen jeweils in verschiedene Kartons. Sammelt nun Bauklötze, Knöpfe, Stifte, Deckel oder kleine Spielzeuge ein. Überlegt: Was gehört in welchen Karton und steckt es durch das passende Loch. Wenn alle Dinge einsortiert sind, öffnet die Kartons. Schaut gemeinsam nach, ob jeder Gegenstand im richtigen Karton liegt. Falls etwas nicht stimmt, überlegt, warum das passiert ist. Zählt, wie viele Dinge in jedem Karton sind.

Erweiterung:
Jetzt gelten zwei Regeln gleichzeitig. Zum Beispiel: nur "rot und eckig" oder "grün und rund". Sucht Dinge, die zu beiden Regeln passen. Dinge, die nicht passen, legt ihr zur Seite. Schaut genau hin: Passt die Farbe? Passt die Form?

Was dabei gelernt wird:
Nach Regeln sortieren, logisch entscheiden.

Impuls 73: Was passt nicht?

Aktivierung:
Eine Person legt 4 Dinge hin. 3 passen zusammen, 1 nicht. Ihr findet heraus: Welches passt nicht? Und warum?

Erweiterung:
Sammelt viele kleine Dinge. Legt alle auf einen Haufen. Überlegt euch dann Regeln: Wie könnt ihr die Dinge sortieren? Zum Beispiel nach Farbe, Form oder Größe. Sortiert die Dinge nach euren Regeln.

Was dabei gelernt wird:
Erste mathematische Grundideen werden entwickelt, indem Kinder Dinge nach selbst gewählten Regeln ordnen.

Impuls 74: Augenblick-Wahl

Aktivierung:
Stellt euch in zwei Gruppen auf, je nachdem, was ihr gerade lieber mögt: Sommer oder Winter? Zählt, wie viele bei jeder Jahreszeit stehen. Macht das Gleiche bei anderen Fragen.

Erweiterung:
Malt die Fragen vorher zusammen auf ein Plakat. Zum Beispiel: Apfel oder Banane? Sonne oder Mond? Jedes Kind entscheidet sich für eine Antwort. Zählt, wie viele Kinder welche Antwort gewählt haben. Schreibt die Zahl hinter die Antwort auf das Plakat.

Was dabei gelernt wird:
Daten durch eigene Entscheidungen erheben, Meinungen abbilden und Ergebnisse zählen.

Impuls 75: Farben auf Tischen sammeln

Aktivierung:
Jede Tischgruppe sammelt alle Stifte in einer bestimmten Farbe (zum Beipiel Tisch 1: rot, Tisch 2: blau ...). Legt die Stifte in Reihen und vergleicht: Welcher Tisch hat am meisten?

Erweiterung:
Legt die Stifte jeder Farbe nebeneinander. Messt mit einem Papierstreifen oder mit einem Lineal, wie lang die Reihe ist. Malt für jede Farbe einen Balken auf ein Plakat. Überlegt euch eine gute Reihenfolge für die Balken auf dem Plakat.

Was dabei gelernt wird:
In Teams Daten sammeln, Mengen vergleichen und bildlich darstellen.

Impuls 76: Lieblings-Tier-Umfrage

Aktivierung:
Jede Person zeichnet ihr Lieblingstier. Hängt alle Bilder nach Tierarten sortiert an die Tafel. Zählt gemeinsam.

Erweiterung:
Macht aus den Bildern ein „Ergebnis-Bild“: Jedes Kind darf aus den anderen Bildern (das eigene Bild darf nicht gewählt werden) ein Lieblingstier wählen und auf dem Bild einen kleinen Punkt in der unteren rechten Ecke malen. Welches Tier hat die meisten Punkte bekommen?

Was dabei gelernt wird:
Daten durch Bilder sammeln, sortieren und Häufigkeiten erkennen.

Impuls 77: Schulwege

Aktivierung:
Jede Person sagt, wie sie zur Schule kommt (zu Fuß, Fahrrad, Auto). Malt für jeden Weg ein Symbol an die Tafel oder auf ein Plakat. Zählt zusammen.

Erweiterung:
Befragt andere Gruppen und vergleicht die Ergebnisse.

Was dabei gelernt wird:
Daten erheben, symbolisch darstellen und Gruppenergebnisse vergleichen.

Impuls 78: Team-Werfen

Aktivierung:
Bildet zwei gleich große Teams. Jede Person wirft zweimal in einen Korb (oder Karton). Zählt mit Kreidestrichen an der Tafel: Für jeden Treffer bekommt das Team einen Strich.

Erweiterung:
Vergleicht nach drei Runden: Welches Team hat die meisten Treffer? Schaut auf die Zahlen. Markiert die größte Zahl mit einem Smiley. Überlegt zusammen: Wie kann man die Team-Wertung und die Einzel-Wertung verbinden?

Was dabei gelernt wird:
Zahlen vergleichen: Welche Zahl ist größer? Ergebnisse anschauen und verstehen. Zusammen im Team arbeiten. Überlegen, was fair ist. Lösungen finden und erklären.

Impuls 79: Wie-viele-Löcher?

Aktivierung:
Sucht alle Kleidungsstücke mit Löchern (Knopflöcher, Gürtellöcher, Schnürlöcher). Sortiert sie: 1 Loch, 2 Löcher, viele Löcher. Zählt die Gruppen.

Erweiterung:
Macht eine Ausstellung: Schneidet Beispiele aus Prospekten und Zeitungen und klebt ein Beispiel jeder Loch-Anzahl auf ein Plakat.

Was dabei gelernt wird:
Gemeinsam nach Merkmalen suchen, sortieren und ausstellen.

Impuls 80: Klassen-Bücher-Wiegung

Aktivierung:

Wiegt mit den Händen: Welches Buch aus dem Klassenregal ist das schwerste, welches das leichteste? Legt sie in eine Reihe. Wenn ihr fünf Bücher nach dem Gewicht sortiert habt, wie könnte ihr überprüfen, ob das Ergebnis richtig ist?

Erweiterung:

Macht drei Schwere-Gruppen: leicht, mittel, schwer. Ordnet jedes Buch einer Gruppe zu. Überlegt, wie ihr überprüfen könnt, ob ihr korrekt sortiert habt.

Was dabei gelernt wird:

Gewichte vergleichen, sortieren, in Kategorien einteilen und Ergebnisse überprüfen.

Impuls 81: Pausenspiel-Zähler

Aktivierung:

Schaut in der Pause: Welches Spiel wird am meisten gespielt (Fangen, Seilspringen, Malen)? Zeichnet nach der Pause ein Bild mit den Ergebnissen.

Erweiterung:

Beobachtet das eine Woche lang und macht für jeden Tag eine kleine Strichliste. Vergleicht: War jeden Tag das gleiche Spiel am beliebtesten? Was hat sich verändert? Gibt es dafür Gründe?

Was dabei gelernt wird:

Beobachten und Daten über eine bestimmt Zeit sammeln. Daten vergleichen und Ursachen für Unterschiede finden.

Impuls 82: Farben-Finder-Spiel

Aktivierung:

Eine Person sucht in einer Minute im Raum möglichst viele Dinge in einer bestimmten Farbe (z. B. rot). Die anderen zählen leise mit, wenn auf einen Fund gezeigt wird.

Erweiterung:

Spielt in Teams: Ein Team sucht rote Dinge, das andere blaue. Welches Team findet mehr?

Was dabei gelernt wird:

Sammeln und Zuordnen, Vergleichen der Ergebnisse und Teamwettbewerb.

Impuls 83: Größen-Ranking

Aktivierung:

Alle Kinder aus eurer Gruppe werden als Strich auf einen Plakatkarton gemalt: Das größte Kind malt ihr als längsten Strich. Die anderen malt ihr im Verhältnis kürzer. Schaut euch das Bild an. Vergleicht das kleinste Kind mit dem größten - stimmen die Unterschiede? Sprecht darüber.

Erweiterung:

Vergleicht eure Ergebnisse mit einer anderen Gruppe. Versucht herauszufinden, welcher Strich die Größe welches Kindes zeigt. Sprecht miteinander: Passt das zur Wirklichkeit?

Was dabei gelernt wird:

Vergleichend messen, Daten visualisieren und interpretieren und diskutieren.

Impuls 84: Geburtstagskalender-Punkte

Aktivierung:

Gestaltet ein Plakat mit einem großen Kreis, auf dem ihr 12 Abschnitte für die Monate markiert. Jeder malt einen Punkt in den Monat, in dem er Geburtstag hat. Zählt die Punkte pro Monat.

Erweiterung:

Malt die Monate mit vielen Punkten in einer kräftigen Farbe an. Welcher Monat „leuchtet" am stärksten?

Was dabei gelernt wird:

Daten in einem Kreisdiagramm-ähnlichen Bild sammeln und Häufigkeiten farblich hervorheben.

Impuls 85: Werfen mit 1-Cent-Münzen

Aktivierung:

Jedes Kind bekommt eine 1-Cent-Münze. Stellt euch in einer Linie drei Schritte vor eine Wand. Werft die Münze vorsichtig zur Wand. Die Münze muss die Wand berühren und dann möglichst nah an der Wand liegen bleiben. Messt danach den Abstand von der Münze zur Wand. Wessen Münze am nächsten an der Wand liegt, bekommt einen Punkt. Spielt mehrere Runden. Wer zuerst dreimal am nächsten dran war, hat gewonnen.

Erweiterung:

Bildet zwei Teams. Team A bekommt 1-Cent-Münzen, Team B 2-Cent-Münzen. Alle Kinder werfen nacheinander ihre Münze zur Wand. Die Münzen bleiben liegen, bis alle geworfen haben. Jetzt wird gezählt: Schaut euch die beste Münze von jedem Team an. Dann zählt alle Münzen eines Teams, die näher an der Wand liegen als die beste Münze des anderen Teams. Jede dieser Münzen gibt einen Punkt. Spielt drei Runden. Welches Team hat am Ende die meisten Punkte?

Was dabei gelernt wird:

Die Kinder lernen spielerisch, Entfernungen zu messen und zu vergleichen, Ergebnisse fair auszuwerten, Regeln anzuwenden sowie im Team zusammenzuarbeiten.

5.3 Gruppenimpulse für prozessbezogene Kompetenzen

Prozessbezogene Kompetenzen können in der Gruppenarbeit besonders gut gefördert werden. Dazu müssen sie in professioneller Verantwortung bewusst und gezielt ausgewählt werden.

Mathematisches Lernen erschöpft sich nicht im richtigen Ergebnis. Entscheidend ist, wie Kinder denken, sprechen, prüfen, darstellen und handeln. Prozessbezogene Kompetenzen – Argumentieren, Kommunizieren, Problemlösen, Modellieren, Präsentieren und der Umgang mit Werkzeugen – sind keine „Zusatzfähigkeiten". Sie bilden das Fundament tragfähigen Verständnisses.

Diese Kompetenzen entwickeln sich nicht zufällig. Sie entstehen dort, wo Lehrkräfte Lernumgebungen bewusst gestalten, Gesprächsanlässe eröffnen, Denkwege einfordern und kooperative Lernformen strukturiert begleiten. Gruppenarbeit ist dabei kein methodischer Schmuck, sondern ein didaktisches Instrument. Richtig eingesetzt, macht sie mathematisches Denken sichtbar, fordert Begründungen heraus und ermöglicht differenzierte Lernwege innerhalb heterogener Lerngruppen.

Gerade im Ganztag kommt dieser Verantwortung eine wachsende Bedeutung zu. Wenn aktivierende Lernphasen die klassische Hausaufgabenbetreuung ersetzen, braucht es klar strukturierte, fachlich durchdachte Impulse. Gruppenarbeit kann hier zu einem eigenständigen Lern- und Übungsraum werden: dialogisch, handlungsorientiert und kompetenzfördernd. Voraussetzung ist jedoch, dass die fachliche Rahmung von den Lehrkräften ausgeht. Sie geben Orientierung, setzen Schwerpunkte, klären Zielperspektiven und sichern Qualität.

Die folgende Übersicht ordnet die Gruppenimpulse den zentralen prozessbezogenen Kompetenzbereichen zu. Sie soll Lehrkräfte dabei unterstützen, Lernangebote nicht nur inhaltlich, sondern auch entsprechend den prozessbezogenen Kompetenzen zu planen. Denn nachhaltiger Lernerfolg entsteht dort, wo Kinder rechnen und erklären, ausprobieren und prüfen, darstellen und begründen.

Professionelle Verantwortung zeigt sich somit in der bewussten Entscheidung:

- Welche Kompetenz soll hier besonders gestärkt werden?
- Wie wird Zusammenarbeit so gestaltet, dass jedes Kind fachlich wächst?

Gruppenarbeit wird dann zu einem kraftvollen Instrument – im Unterricht wie im Ganztag –, wenn sie zielgerichtet geplant, begleitet und reflektiert wird.

Argumentieren
(begründen, prüfen, entscheiden)

Didaktische Einordnung:

Argumentieren bedeutet im Mathematikunterricht der Grundschule nicht „formal beweisen", sondern Gedanken nachvollziehbar zu machen. Kinder vergleichen Lösungswege, prüfen Aussagen („Stimmt das wirklich?") und begründen ihre Entscheidungen. Gerade in Gruppen entstehen dabei wertvolle Denkprozesse: Unterschiedliche Sichtweisen werden erkennbar, Irrtümer produktiv genutzt. Argumentieren stärkt fachliche Sicherheit und Selbstvertrauen – und es fördert eine Kultur des respektvollen Zweifelns und Prüfens.

Diese Impulse eröffnen gezielte Gesprächsanlässe, in denen mathematisches Denken sprachlich gefasst und überprüft wird.

Impuls 2: Turmbau-Wettbewerb
Impuls 7: Zahlenhäuser bauen
Impuls 9: Zahlenreihe legen
Impuls 11: Einkaufslisten-Planer
Impuls 13: „Stimmt's oder stimmt's nicht?"
Impuls 14: Fehler-Detektive
Impuls 18: Mathe-Tagebuch (Gruppe)
Impuls 19: Rechenbild legen
Impuls 21: Baustein-Stapel-Challenge
Impuls 22: Zielwurf mit Punkten
Impuls 23: Mathe-Reporter
Impuls 24: Galerie der Zahlen
Impuls 25: Planungs-Team
Impuls 26: Hilfskarten erstellen
Impuls 29: Körpermaße-Vergleich
Impuls 30: Waage bauen
Impuls 32: Sanduhr-Challenge
Impuls 33: Messen mit Schritten und Füßen
Impuls 34: Wassergläser-Füllwettbewerb
Impuls 35: Knete wiegen und teilen
Impuls 38: Körpergrößen-Puzzle
Impuls 39: Schnell-Langsam-Laufen
Impuls 40: Bauklotz-Türme messen

Impuls 41: Wasser-Tropfen-Zählung
Impuls 42: Papierflieger-Weiten
Impuls 43: Knete-Kugel-Wettrollen
Impuls 46: Flaggen-Designer
Impuls 48: Wachstums-Muster
Impuls 49: Geheime Botschaft entschlüsseln
Impuls 51: Bauklotz-Turm-Muster
Impuls 53: Murmel-Bahn-Muster
Impuls 59: Knobel-Ecke
Impuls 62: Spiegel-Bilder
Impuls 63: Würfel-Weg
Impuls 64: Brücken-Bauer
Impuls 67: Tier-Reihe
Impuls 69: Schuhe sortieren
Impuls 70: Würfel-Prognose
Impuls 71: Geheimtüte mit Farben
Impuls 72: Sortier-Maschine
Impuls 73: Was passt nicht?
Impuls 75: Farben auf Tischen sammeln
Impuls 78: Team-Werfen
Impuls 79: Wie-viele-Löcher?
Impuls 80: Klassen-Bücher-Wiegung
Impuls 81: Pausenspiel-Zähler
Impuls 82: Farben-Finder-Spiel
Impuls 83: Größen-Ranking
Impuls 85: Werfen mit 1-Cent-Münzen

Kommunizieren
(erklären, zuhören, absprechen)

Didaktische Einordnung:

Mathematische Kompetenz wächst im Austausch. Kinder lernen, ihre Gedanken verständlich auszudrücken, Fragen zu stellen und anderen aufmerksam zuzuhören. In kooperativen Lernformen entwickeln sie gemeinsame Strategien und übernehmen Verantwortung füreinander.

Besonders im Ganztag gewinnen solche dialogischen Lernphasen an Bedeutung: Statt Aufgaben still abzuarbeiten, werden Lösungswege gemeinsam entwickelt und reflektiert. Kommunikation wird so zum Motor des Lernens – fachlich wie sozial.

Impuls 1: Zahlen-Suchspiel
Impuls 3: Würfel-Rechenduell
Impuls 4: Mit Gegenständen rechnen
Impuls 5: Rechengeschichte-Theater
Impuls 6: Zahlen-Poster
Impuls 8: Bündelungs-Meister
Impuls 9: Zahlenreihe legen
Impuls 10: Nachbarzahl-Rallye
Impuls 11: Einkaufslisten-Planer
Impuls 12: Bus-Fahrspiel
Impuls 13: „Stimmt's oder stimmt's nicht?"
Impuls 14: Fehler-Detektive
Impuls 16: Schatz-Suche
Impuls 17: Lernvideo-Experten
Impuls 18: Mathe-Tagebuch (Gruppe)
Impuls 20: Aktions-Bilder malen
Impuls 22: Zielwurf mit Punkten
Impuls 23: Mathe-Reporter
Impuls 24: Galerie der Zahlen
Impuls 25: Planungs-Team
Impuls 26: Hilfskarten erstellen
Impuls 27: Zahlen-Laufspiel
Impuls 28: Menschlicher Zahlenstrahl
Impuls 29: Körpermaße-Vergleich
Impuls 31: Tagesablauf-Puzzle
Impuls 32: Sanduhr-Challenge
Impuls 33: Messen mit Schritten und Füßen
Impuls 36: Klassen-Postkasten
Impuls 37: Geräusche-Länge-Vergleich
Impuls 39: Schnell-Langsam-Laufen
Impuls 44: Klassenraum-Uhr
Impuls 45: Ringelschlange

Impuls 47: Code mit Formen
Impuls 50: Geräusche-Kette
Impuls 52: Bewegungs-Parcours
Impuls 55: Tier-Spuren-Folge
Impuls 56: Klang-Memory
Impuls 57: Jahreszeiten-Reihe
Impuls 58: Formen-Forscherteam
Impuls 60: Lego-Labyrinth
Impuls 61: Bauplan nachbauen
Impuls 62: Spiegelbilder
Impuls 63: Würfel-Weg
Impuls 64: Brückenbauer
Impuls 65: Klatsch-Kreis-Muster
Impuls 66: Farben-Weg legen
Impuls 67: Tier-Reihe
Impuls 68: Lieblingsfarben-Diagramm
Impuls 69: Schuhe sortieren
Impuls 73: Was passt nicht?
Impuls 74: Augenblick-Wahl
Impuls 75: Farben auf Tischen sammeln
Impuls 76: Lieblings-Tier-Umfrage
Impuls 77: Schulwege
Impuls 78: Team-Werfen
Impuls 79: Wie-viele-Löcher?
Impuls 82: Farben-Finder-Spiel
Impuls 83: Größen-Ranking
Impuls 84: Geburtstagskalender-Punkte
Impuls 85: Werfen mit 1-Cent-Münzen

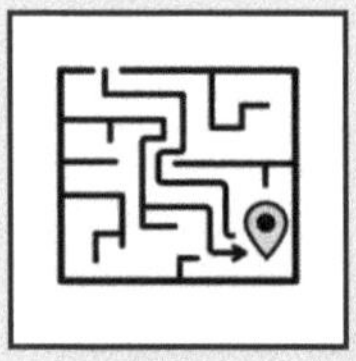

Probleme lösen
(Strategien entwickeln, Lösungen finden)

Didaktische Einordnung:

Problemlösen ist ein Kern mathematischen Lernens. Kinder erleben Mathematik hier nicht als bloßes Anwenden bekannter Verfahren, sondern als aktives Suchen nach Wegen. Sie probieren aus, verwerfen Ideen, entwickeln Strategien und überprüfen Ergebnisse.

Gut gestaltete Gruppenimpulse schaffen dabei eine produktive Spannung: Es gibt nicht sofort eine Lösung, sondern einen Denkweg. Gerade in heterogenen Gruppen profitieren Kinder voneinander – unterschiedliche Strategien werden sichtbar und erweitern das eigene Repertoire.

Impuls 2: Turmbau-Wettbewerb
Impuls 3: Würfel-Rechenduell
Impuls 4: Mit Gegenständen rechnen
Impuls 7: Zahlenhäuser bauen
Impuls 8: Bündelungs-Meister
Impuls 9: Zahlenreihe legen
Impuls 10: Nachbarzahl-Rallye
Impuls 11: Einkaufslisten-Planer
Impuls 12: Bus-Fahrspiel
Impuls 13: „Stimmt's oder stimmt's nicht?"
Impuls 14: Fehler-Detektive
Impuls 15: Kassen-Dienst
Impuls 16: Schatz-Suche
Impuls 21: Baustein-Stapel-Challenge
Impuls 22: Zielwurf mit Punkten
Impuls 25: Planungs-Team
Impuls 27: Zahlen-Laufspiel
Impuls 30: Waage bauen
Impuls 32: Sanduhr-Challenge
Impuls 35: Knete wiegen und teilen
Impuls 36: Klassen-Postkasten
Impuls 39: Schnell-Langsam-Laufen
Impuls 40: Bauklotz-Türme messen
Impuls 43: Knete-Kugel-Wettrollen
Impuls 45: Ringelschlange

Impuls 46: Flaggen-Designer
Impuls 47: Code mit Formen
Impuls 48: Wachstums-Muster
Impuls 49: Geheime Botschaft entschlüsseln
Impuls 50: Geräusche-Kette
Impuls 51: Bauklotz-Turm-Muster
Impuls 52: Bewegungs-Parcours
Impuls 53: Murmel-Bahn-Muster
Impuls 54: Stempeldruck-Reihe
Impuls 55: Tier-Spuren-Folge
Impuls 56: Klang-Memory
Impuls 59: Knobel-Ecke
Impuls 60: Lego-Labyrinth
Impuls 61: Bauplan nachbauen
Impuls 63: Würfel-Weg
Impuls 64: Brücken-Bauer
Impuls 65: Klatsch-Kreis-Muster
Impuls 66: Farben-Weg legen
Impuls 67: Tier-Reihe
Impuls 71: Geheimtüte mit Farben
Impuls 72: Sortier-Maschine
Impuls 73: Was passt nicht?
Impuls 78: Team-Werfen
Impuls 80: Klassen-Bücher-Wiegung
Impuls 82: Farben-Finder-Spiel
Impuls 85: Werfen mit 1-Cent-Münzen

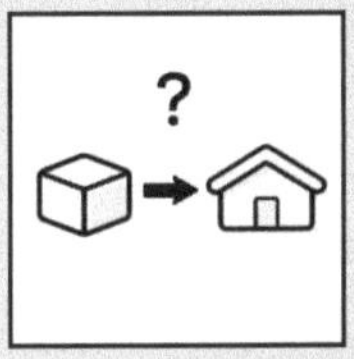

Modellieren

(Alltagssituationen mathematisch darstellen)

Didaktische Einordnung:

Beim Modellieren übersetzen Kinder Alltagssituationen in mathematische Strukturen – und umgekehrt. Sie erkennen, dass Mathematik hilft, reale Probleme zu verstehen und zu lösen.

Impulse mit lebensnahen Kontexten (Einkaufen, Messen, Zeit, Bewegung) fördern diese Brücke zwischen Lebenswelt und Fach. Besonders in aktivierenden Lernzeiten des Ganztags entfalten solche Situationen ihre Stärke: Lernen wird sinnhaft, handlungsnah und motivierend.

Impuls 1: Zahlen-Suchspiel
Impuls 5: Rechengeschichte-Theater
Impuls 11: Einkaufslisten-Planer
Impuls 12: Bus-Fahrspiel
Impuls 15: Kassen-Dienst
Impuls 16: Schatz-Suche
Impuls 19: Rechenbild legen
Impuls 20: Aktions-Bilder malen
Impuls 28: Menschlicher Zahlenstrahl
Impuls 29: Körpermaße-Vergleich
Impuls 31: Tagesablauf-Puzzle
Impuls 33: Messen mit Schritten und Füßen
Impuls 34: Wassergläser-Füllwettbewerb
Impuls 36: Klassen-Postkasten
Impuls 37: Geräusche-Länge-Vergleich
Impuls 38: Körpergrößen-Puzzle
Impuls 44: Klassenraum-Uhr
Impuls 47: Code mit Formen
Impuls 49: Geheime Botschaft entschlüsseln
Impuls 57: Jahreszeiten-Reihe
Impuls 58: Formen-Forscherteam
Impuls 60: Lego-Labyrinth
Impuls 66: Farben-Weg legen
Impuls 68: Lieblingsfarben-Diagramm
Impuls 70: Würfel-Prognose
Impuls 71: Geheimtüte mit Farben
Impuls 74: Augenblick-Wahl
Impuls 76: Lieblings-Tier-Umfrage
Impuls 77: Schulwege
Impuls 81: Pausenspiel-Zähler
Impuls 84: Geburtstagskalender-Punkte

3 drei

Präsentieren / Darstellungen verwenden

(zeigen, darstellen, dokumentieren)

Didaktische Einordnung:

Mathematische Ideen werden klarer, wenn sie dargestellt werden – durch Bilder, Plakate, Tabellen, Modelle oder kleine Präsentationen. Kinder lernen, Ergebnisse strukturiert zu zeigen und ihre Vorgehensweise sichtbar zu machen.

Darstellungen schaffen Transparenz: Andere können mitdenken, nachfragen, ergänzen. Gleichzeitig wird Selbstwirksamkeit erfahrbar – „Ich kann etwas zeigen und erklären." Das stärkt Fachkompetenz ebenso wie Ausdrucksfähigkeit.

Impuls 4: Mit Gegenständen rechnen
Impuls 5: Rechengeschichte-Theater
Impuls 6: Zahlen-Poster
Impuls 7: Zahlenhäuser bauen
Impuls 17: Lernvideo-Experten
Impuls 18: Mathe-Tagebuch (Gruppe)
Impuls 19: Rechenbild legen
Impuls 20: Aktions-Bilder malen
Impuls 23: Mathe-Reporter
Impuls 24: Galerie der Zahlen
Impuls 26: Hilfskarten erstellen
Impuls 27: Zahlen-Laufspiel
Impuls 28: Menschlicher Zahlenstrahl
Impuls 31: Tagesablauf-Puzzle
Impuls 34: Wassergläser-Füllwettbewerb
Impuls 37: Geräusche-Länge-Vergleich
Impuls 38: Körpergrößen-Puzzle
Impuls 41: Wasser-Tropfen-Zählung
Impuls 42: Papierflieger-Weiten
Impuls 44: Klassenraum-Uhr
Impuls 45: Ringelschlange
Impuls 46: Flaggen-Designer
Impuls 50: Geräusche-Kette
Impuls 52: Bewegungs-Parcours
Impuls 54: Stempeldruck-Reihe

Impuls 55: Tier-Spuren-Folge
Impuls 56: Klang-Memory
Impuls 57: Jahreszeiten-Reihe
Impuls 58: Formen-Forscherteam
Impuls 61: Bauplan nachbauen
Impuls 62: Spiegel-Bilder
Impuls 65: Klatsch-Kreis-Muster
Impuls 68: Lieblingsfarben-Diagramm
Impuls 69: Schuhe sortieren
Impuls 70: Würfel-Prognose
Impuls 74: Augenblick-Wahl
Impuls 75: Farben auf Tischen sammeln
Impuls 76: Lieblings-Tier-Umfrage
Impuls 77: Schulwege
Impuls 79: Wie-viele-Löcher?
Impuls 81: Pausenspiel-Zähler
Impuls 83: Größen-Ranking
Impuls 84: Geburtstagskalender-Punkte

Mit Werkzeugen arbeiten
(Material nutzen, messen, bauen, legen)

Didaktische Einordnung:

Handelndes Lernen ist im Anfangsunterricht unverzichtbar. Durch Legen, Bauen, Messen, Sortieren oder Wiegen entwickeln Kinder tragfähige Vorstellungen. Werkzeuge sind dabei keine Spielerei, sondern Brücken zum Verstehen.

Gerade in Gruppenimpulsen verbinden sich Handeln und Denken: Kinder prüfen ihre Ideen am Material, korrigieren, vergleichen und sichern Ergebnisse. In Lernzeiten des Ganztags kann so eine aktivierende Alternative zur klassischen Hausaufgabenbetreuung entstehen – handlungsorientiert, dialogisch und kompetenzfördernd.

Impuls 1: Zahlen-Suchspiel
Impuls 2: Turmbau-Wettbewerb
Impuls 3: Würfel-Rechenduell
Impuls 4: Mit Gegenständen rechnen

Impuls 6: Zahlen-Poster
Impuls 8: Bündelungs-Meister
Impuls 9: Zahlenreihe legen
Impuls 15: Kassen-Dienst
Impuls 17: Lernvideo-Experten
Impuls 19: Rechenbild legen
Impuls 21: Baustein-Stapel-Challenge
Impuls 23: Mathe-Reporter
Impuls 25: Planungsteam
Impuls 26: Hilfskarten erstellen
Impuls 29: Körpermaße-Vergleich
Impuls 30: Waage bauen
Impuls 32: Sanduhr-Challenge
Impuls 33: Messen mit Schritten und Füßen
Impuls 34: Wassergläser-Füllwettbewerb
Impuls 35: Knete wiegen und teilen
Impuls 36: Klassen-Postkasten
Impuls 38: Körpergrößen-Puzzle
Impuls 40: Bauklotz-Türme messen
Impuls 41: Wasser-Tropfen-Zählung
Impuls 42: Papierflieger-Weiten
Impuls 43: Knete-Kugel-Wettrollen
Impuls 44: Klassenraum-Uhr
Impuls 48: Wachstums-Muster
Impuls 51: Bauklotz-Turm-Muster
Impuls 53: Murmel-Bahn-Muster
Impuls 54: Stempeldruck-Reihe
Impuls 58: Formen-Forscherteam
Impuls 59: Knobel-Ecke
Impuls 60: Lego-Labyrinth
Impuls 61: Bauplan nachbauen
Impuls 62: Spiegel-Bilder
Impuls 63: Würfel-Weg
Impuls 64: Brücken-Bauer
Impuls 69: Schuhe sortieren

Impuls 70: Würfel-Prognose
Impuls 71: Geheimtüte mit Farben
Impuls 72: Sortier-Maschine
Impuls 73: Was passt nicht?
Impuls 75: Farben auf Tischen sammeln
Impuls 78: Team-Werfen
Impuls 79: Wie-viele-Löcher?
Impuls 80: Klassen-Bücher-Wiegung
Impuls 84: Geburtstagskalender-Punkte
Impuls 85: Werfen mit 1-Cent-Münzen

6 Hilfreiche Tipps – Materialkiste und Organisation

Eine Einladung zum Ausprobieren

Dieses Kapitel lädt dazu ein, die aktivierenden Lernimpulse gemeinsam zu erproben und weiterzuentwickeln. Sie entfalten ihre größte Wirkung, wenn Lehrkräfte und pädagogische Fachkräfte im Ganztag sie gemeinsam in den Blick nehmen und als selbstverständlichen Bestandteil des Lernalltags verstehen – im Unterricht ebenso wie im Ganztag.

Die gute Nachricht: Sie brauchen keine teuren Anschaffungen oder komplizierte Vorbereitungen. Oft sind es die einfachen Dinge, die Kinder zum Staunen, Entdecken und Lernen einladen.

6.1 Die Mathe-Forscherkiste – Herzstück der Organisation

Stellen Sie sich vor: Die Kinder kommen in den Raum, und alles, was sie brauchen, ist da – griffbereit, übersichtlich, einladend. Genau das leistet eine gut vorbereitete Materialkiste. Sie ist die Voraussetzung für selbstständiges Arbeiten, für Differenzierung und für ruhige Abläufe.

Die Grundidee

Jede Lerngruppe bekommt eine eigene Kiste oder ein Materialpaket. Diese sind leicht zugänglich und enthalten einfache, robuste und vielseitig einsetzbare Materialien. Wichtig: Die Materialien sollen anregen, aber nicht überfordern. Sie sind Werkzeuge zum Denken – kein Spielzeug. Wenn Kinder mit ihnen hantieren, sortieren, legen und bauen, dann sind sie mitten im Lernprozess.

Für den Start reicht folgende Grundausstattung völlig aus:

Basismaterialien (für jede Gruppe)

- **Würfel** (mindestens 2–4 pro Gruppe); für Würfelspiele, Zufallsexperimente, Additionsaufgaben.
- **Bausteine / Plättchen / Steckwürfel**; zum Legen von Mustern, Zählen, Bündeln.
- **Zählmaterial** (z. B. Muggelsteine, Glassteine, Holzplättchen, Knöpfe); immer wieder neu einsetzbar.
- **Kleine Becher oder Schälchen**; zum Sortieren, Abzählen, Verstecken von Mengen.
- **Schnüre** (ca. 50–100 cm); für Zahlenstrahlen, Geometrie, Spannen von Formen.
- **Scheren und Kleber**; für alle, die schneiden und kleben möchten.
- **Blankopapier und kleine Plakate**; für Entdeckungen, die festgehalten werden wollen.
- **Filz- oder Buntstifte**; zum Darstellen, Gestalten, Dokumentieren.
- **Zahlenkarten** (1–20, später auch 1-100); zum Legen von Reihen, Vergleichen, Ordnen.
- **Alte Zeitschriften**; für Sortieraufgaben, Zahlenjagden, Collagen.

Erweiterungsmaterial

Für alle, die tiefer eintauchen möchten. Manche Kinder wollen mehr. Für sie können Sie ergänzen:

- **Maßbänder oder Lineale;** zum Messen von Tischen, Büchern, Räumen.
- **Spielgeld;** für Einkaufssituationen, Wechselgeld, erstes Wirtschaftsrechnen.
- **Geobrett mit Gummiringen;** für geometrische Formen, Spiegeln, Muster legen.
- **Zahlenstrahl** (laminiert); zum Ablaufen mit Figuren, Eintragen von Ergebnissen.
- **Blanko-Karteikarten;** damit Kinder eigene Aufgaben erfinden können.

Materialien besorgen – günstig und unkompliziert

Vieles haben Sie bereits im Haus oder können es leicht organisieren:

Alltagsquellen

- Haushaltsmaterialien: Knöpfe, Deckel, Nudeln, Becher.
- Baumarkt: Schnur, Holzreste, Reststücke von Teppichboden.
- Flohmärkte: alte Spiele, Perlen, Bauklötze.
- Elternspenden: fragen lohnt sich!
- Recyclingmaterial: Eierkartons, Joghurtbecher, Schraubdeckel.

Wenn es etwas mehr sein darf – ein bewährter Anbieter

Manche Materialien kauft man lieber neu, weil sie häufiger genutzt werden oder besonders stabil sein sollen. Materialien dieser Art sind im pädagogischen Fachhandel erhältlich, zum Beispiel beim Anbieter Betzold. Dort findet man vieles, was sich für eine Forscherkiste eignet – etwa Würfel, Steckwürfel oder Zahlenkarten. Im Internet finden sich außerdem zahlreiche weitere Anbieter.

Die beste Materialkiste entsteht allerdings erfahrungsgemäß durch eine Kombination aus gekauften Dingen und Alltagsgegenständen. Das spart Geld und macht die Kiste lebendig.

6.2 So organisieren Sie alles – einfach und praktisch

Die Materialstation

Richten Sie ein offenes Regal oder einen klar gekennzeichneten Bereich ein. Hier ist alles zu finden:

- Jedes Material hat einen festen Platz (beschriften lohnt sich!).
- Die Regel „Holen & Zurückbringen" wird sichtbar ausgehängt.
- Die Kinder wissen: Hier darf ich mir nehmen, was ich brauche.

Die Dokumentationswand

Sichtbarkeit schafft Wertschätzung. Richten Sie eine Wand oder Pinnwand ein, an der Ergebnisse ausgehängt werden:

- Mini-Plakate mit Entdeckungen
- Fotos von gebauten Mustern oder gelegten Zahlen
- Kurze Satzstreifen: „Wir haben herausgefunden, dass ..."

Die Kinder erleben: *Unsere Arbeit zählt. Das, was wir denken und tun, ist wichtig.*

6.3 Zeitrahmen und Ablauf – kurz, knapp, konzentriert

Ein aktivierender Impuls lebt von seiner Klarheit. Deshalb gilt: Kurz und fokussiert ist besser als lang und ausufernd.

Empfohlener Ablauf

Aktivierung: 2–3 Minuten.

Kurze Einführung, klare Aufgabe. Nicht lange erklären, einfach starten lassen.

Arbeitsphase: 8–12 Minuten.

Selbstständiges Arbeiten in Gruppen, Paaren oder einzeln. Die Kinder forschen, legen, probieren.

Reflexion: 2–3 Minuten.

Gemeinsamer Abschluss mit kurzen Fragen. Die Reflexionsphase ist das Herzstück. Erst sie macht aus einer Tätigkeit einen Lernprozess.

Drei einfache Fragen reichen völlig aus:

- *„Was hat bei uns gut geklappt?"*
- *„Welche Lösung fanden wir besonders interessant?"*
- *„Was machen wir nächstes Mal besser?"*

6.4 Rollenverteilung – besonders hilfreich im Ganztag

In heterogenen Gruppen, in denen Kinder unterschiedlichen Alters und mit verschiedenen Vorerfahrungen zusammenarbeiten, helfen klare Rollen. Sie geben Orientierung und entlasten die Erwachsenen.

Vier bewährte Rollen:

- **Material-Chef/in** – holt die Kiste, sorgt für Ordnung, bringt Material zurück
- **Zeitwächter/in** – behält die Zeit im Blick, erinnert an den Abschluss
- **Sprecher/in** – präsentiert Ergebnisse, berichtet in der Reflexion
- **Schreiber/in** – hält Entdeckungen fest, malt, notiert

Wichtig: Die Rollen wechseln regelmäßig – jedes Kind darf mal Chef sein, mal Sprecher, mal Schreiber. Das schafft Struktur, stärkt Verantwortung und sorgt dafür, dass alle Kinder unterschiedliche Aufgaben übernehmen.

6.5 Differenzierung – ohne Druck, mit Freiwilligkeit

Wie schafft man es, dass alle Kinder mitkommen – und trotzdem niemand unterfordert ist?

Das Prinzip der Lernimpulse in diesem Handbuch ist denkbar einfach:

- **Die Aktivierung = für alle machbar**
- **Die Erweiterung = freiwillig**

Das bedeutet: Die Grundaufgabe ist so gestellt, dass jedes Kind sie bewältigen kann. Wer schneller ist oder tiefer eintauchen möchte, findet in der Erweiterung eine Herausforderung – aber ohne den Druck, sie schaffen zu müssen.

So entsteht kein Leistungsstress. Schnelle Kinder gehen in die Tiefe, andere arbeiten im Basismodus weiter. Gerade im Ganztag ist diese Niedrigschwelligkeit entscheidend: Lernzeit darf nicht zur „neuen Hausaufgabenstunde" werden.

6.6 Lernen zuhause – was Eltern tun können (und was nicht)

Viele Eltern fragen: „Was können wir zuhause tun?" Die Antwort lautet nicht: zusätzliche Arbeitsblätter. Sondern: Mathematik im Spiel und Alltag entdecken.

Spiele mit Rechenanforderungen

Eltern können vorhandene Spiele neu entdecken:

- **Kniffel** → Addieren, strategisch entscheiden, Wahrscheinlichkeiten einschätzen.
- **Mensch ärgere dich nicht** → Zählen, vorausdenken, Positionen vergleichen.
- **UNO** → Zahlen erkennen, vergleichen, Reihenfolgen bilden.

Der wichtigste Tipp für Eltern: Nicht abfragen, nicht verbessern. Sondern gemeinsam spielen und beiläufig über Zahlen sprechen.

Alltagsmathematik – überall zu finden

- Beim Kochen abmessen: „Wir brauchen 200 ml Milch – wie viel ist das wohl?"
- Beim Einkaufen Preise vergleichen: „Welcher Joghurt ist günstiger?"
- Beim Tischdecken zählen: „Wir sind heute fünf – wie viele Teller brauchen wir?"
- Beim Spaziergang Schritte schätzen: „Wie viele Schritte sind es wohl bis zur nächsten Bank?"

Mathematik entsteht im Alltag – nicht nur im Heft.

Was Schulen tun können

Damit Eltern nachvollziehen können, worum es geht, hat sich Folgendes bewährt:

- Ein **Elternbrief**, der die Idee der aktivierenden Lernimpulse erklärt.
- Ein **Elternabend** mit kurzer Praxisdemonstration (einfach mal Material auslegen und ausprobieren lassen!).
- Eine **Liste mit „Mathe-Spielen für zuhause"** – zum Mitnehmen.

So entsteht Transparenz statt Erwartungsdruck. Und viele Eltern sind überrascht, wie viel Mathematik schon in den alltäglichen Dingen steckt.

6.7 Und nun? Einfach anfangen!

Vielleicht denken Sie jetzt: Das klingt gut – aber wann soll ich das alles vorbereiten? Die Antwort: Fangen Sie klein an.

- Stellen Sie eine erste Kiste mit dem Nötigsten zusammen.
- Probieren Sie einen einzigen Impuls in der nächsten Woche aus.
- Beobachten Sie, was passiert.
- Tauschen Sie sich mit Kolleg*innen aus.

Die Kinder werden Ihnen zeigen, was funktioniert – und worauf sie Lust haben.

Schlussgedanke

Eine gut organisierte Materialkiste, klare Strukturen und kurze Reflexionsphasen schaffen einen Lernraum,

- der Selbstständigkeit fördert,
- Kooperation stärkt,

- Differenzierung ermöglicht
- und Lernen als aktiven Prozess erfahrbar macht.

Aktivierende Lernimpulse sind kein Zusatzprogramm. Sie sind eine Haltung:

Kinder lernen durch Tun, Denken, Austauschen – und durch Wertschätzung ihrer Ergebnisse.

Also: Legen Sie los. Die Materialkiste wartet!

Zum Autor

Wilfried W. Steinert ist Pädagoge, Theologe und Autor. Viele Jahre war er Schulleiter einer inklusiven evangelischen Grundschule in Templin (Brandenburg). Seit mehr als 15 Jahren begleitet er Schulen in ganz Deutschland bei der Weiterentwicklung von Unterricht, Ganztag und individueller Förderung. Schwerpunkte seiner Arbeit sind chancengerechtes Lernen, Lernzeiten statt Hausaufgaben, multiprofessionelle Zusammenarbeit sowie die Verzahnung von Unterricht und Ganztag.

Als ehemaliger Leiter einer mit dem Deutschen Schulpreis ausgezeichneten Grundschule verbindet er wissenschaftliche Erkenntnisse mit langjähriger Praxiserfahrung. In zahlreichen Workshops, Fortbildungen und Schulentwicklungsprozessen arbeitet er mit Lehrkräften, Ganztagsteams und Schulleitungen an Konzepten für wirksames und kindgerechtes Lernen.

Mit der Reihe „Aktivierende Lernimpulse statt Hausaufgaben" entwickelt Wilfried W. Steinert konkrete und alltagstaugliche Materialien für eine Schule, die Lernen nachhaltig begleitet und Verantwortung nicht in die Familien auslagert. Der vorliegende Band für Mathematik in Klasse 1 ist der Auftakt einer Reihe weiterer Lernimpuls-Bände für die Grundschule.

Wilfried W. Steinert lebt in Niedersachsen.